GONGYE DIANLUBAN
WEIXIU RUMEN
YUNFANG HE BIJIAOQI YUANLI XINJIE
YU GUZHANG ZHENDUAN

工业电路板
维修入门

运放和比较器原理新解与故障诊断

咸庆信　著

化学工业出版社
·北京·

内容简介

运放和比较器电路是模拟电路阵营中的生力军，占据了"模电"的大半壁江山。本书走出了一条"模电等于简电"的路子，让模电原理中的大部分难点与盲点，均在书中以"直捷的、生动的新解方式"得以破解。

而要点在这儿：本书同时给出运放和比较器故障诊断的新方法，读者会发现测试一片运放/比较器芯片好坏的难度，并不比测试一只晶体管或一只电容器的难度更高！

书中主要介绍运放电路和电压比较器原理与故障诊断：第1篇介绍运放电路原理与故障诊断方法；第2篇介绍电压比较器原理与故障诊断方法；第3篇通过大量案例介绍模拟电路故障的诊断与检测方法。

本书采用"大话"的形式，把复杂的电路原理用通俗易懂的方式进行介绍，帮助读者快速掌握工业控制线路板的故障检修技术。

本书可供广大电工、工控行业人员阅读，也可供本科或职业院校电气专业师生参考。

图书在版编目（CIP）数据

工业电路板维修入门：运放和比较器原理新解与故障诊断/咸庆信著．—北京：化学工业出版社，2022.7
ISBN 978-7-122-41296-6

Ⅰ．①工… Ⅱ．①咸… Ⅲ．①运算放大器-故障诊断②电压比较仪-故障诊断 Ⅳ．①TN722.7②TM933.21

中国版本图书馆CIP数据核字（2022）第069676号

责任编辑：宋　辉
文字编辑：李亚楠　陈小滔
责任校对：赵懿桐
装帧设计：王晓宇

出版发行：化学工业出版社
　　　　　（北京市东城区青年湖南街13号　邮政编码100011）
印　　装：高教社（天津）印务有限公司
787mm×1092mm　1/16　印张14¹/₂　字数328千字
2022年8月北京第1版第1次印刷

购书咨询：010-64518888　　　售后服务：010-64518899
网　　址：http://www.cip.com.cn
凡购买本书，如有缺损质量问题，本社销售中心负责调换。

定　　价：78.00元　　　　　　　　　版权所有　违者必究

前　言

PREFACE

　　经常有朋友问我：要掌握工业控制电路板的故障检修，看哪些书有用？我常常无言应对。电子电路类的书籍浩如烟海，但想找出几本特别管用的书来，也真难。于是心中慢慢地动了写一本基础书的念头：到时候可以推荐朋友们看我的书了。

　　自 2012 年前后至今，此念头也动了有 10 年了。近来将其成书的愿望尤为强烈，年龄已近花甲，人生几多无常。趁着手眼尚健，需要把该干的事情干了。

　　笔者一直想把模拟电路原理及故障检修的思路好好梳理一下，有与大家共享其中一些心得的愿望。其间陆续地在网上论坛发了多篇有关运放、比较器等基础电路的帖子，广大网友的热情回复和评论，给了我莫大的鼓励！所发文章此后又被几十家网站大量转载，也说明这些东西还是有用的，这在一定程度上坚定了我写作此书的信心。

　　模拟电路原理的学习之难已成共识，尤其是微积分部分更成拦路之虎。传统模式的模拟电路原理讲解，多由数学公式推导演绎，而少从器件特性、动态变化的电路模型角度来分析（后者才是应该去做的吧）。依笔者之见，从电容的物理特性——充放电的现象与变化入手，则浅显易懂（问题突然变得简单了）。可惜的是，一般书籍是从微积分的数学解题入手，将物理课上成了数学课。即使学生试卷上得了满分，也仅仅说明其数学计算能力过关，对电路原理并未能真正领会。

　　深感电子电路原理学习之累，故本书不避浅陋，不揣冒昧，简说运放／比较器原理及检修原则。形成文字之际，与一般技术文章写作的模式相反，尽量不碰不翻相关资料，只凭自己的经历和记忆，甚至凭自己的直觉一路痛快地写下来，是怕计较多了，思虑多了，又会落入老套。就想着不管不顾，单刀直入探其本源，先写个痛快再说。

能否有一些简单的方法、直捷的路子，先让学生理解学会了（哪怕是较浅层次地学会），然后再深入提高。如针对微积分电路，从电容充放电的物理表现角度切入，让原理分析与故障检修回到电路本身和器件本身上来，效果是否更好？而其实，研究和设计是一条路，线路板的故障检修应该是另一条路，研究型和应用型的路子应该在特性互补的同时具备两种走法才对。在笔者多年工业电路板的教学实践中，确实摸索出了一套较为快捷和易于接受的讲解方法，使学员能在短期内切实掌握运放原理分析及故障检修技能。

也许模电（模拟电路的简称）不一定等于"魔电"或"磨电"，也许有一条模电→简电的小道可行，没准这恰好是一条比较省力气又容易走得通的路。

所谓原理新解，如对某一电路的解析，包括对该电路结构的认识，并不一定有唯一的解析，这和数学题"一题数解"的道理是一样的。也许有读者会给出更高明的解法，我应该点赞！同时这也很值得期待。所谓原理新解，系出于个人角度之试解，当然深具个人风格，也深受个人局限，限于本人的水平和条件，可能会产生漏解或错解，如与相关理论有所不契合之处，诸君当"依法不依人"给予纠正为是，当然也欢迎探讨与指正！

关于模拟电路的故障诊断和检测，笔者阅读过大量国内外相关技术书籍，仍然感到：真正有益的、有效的、有用的理论指导或实践指导的书，仍属空白，仍需要有人来填补这个空白！希望本书多少能将这块空白填充一部分，并且能产生抛砖引玉的功效吧。

登山一定有两种方案：

其一，在登山之初，首先需要一条明确的道路，哪怕是小道儿。再就是一些简易工具，如绳索、开山镰等。这些条件使登山行动可以马上得以实施，而且大部分人是可以上去的。

其二，登山者到了一座雄伟险峻的高峰面前，只见云雾缭绕，路径难辨，两手空空没有登山装备，大多数人只有望峰兴叹了。少数人转而准备无人机、对讲机、防蛇药、露营睡袋、野外生存手册、登山路线图册，组建试登一组、试登二组，等等。

其中，多数人未及准备就位，已经在返程的途中了，少数人中的少数人当然也是可以登峰的。

笔者提供给大家的是第一种方案：不完备、不严谨、有缺点，但具有简易直达的效果！如果能用化简图示说清楚道理和结果，就不用数学公式来推导；如果从物理的角度能叙述清楚，就不让数学味儿弥漫于文字之中——如果能够"看出来"，就没有必要去"算出来"。知识是工具，而固化的知识同时又成为藩篱。知识不易到达的地方，智慧可以登场，水是可以穿过藩篱的。

电子电路检修的极致，不是去往电路理论的高处走，而是往电路基础的方向走，最后仅仅是串联分压、并联分流——对欧姆定律的纯熟应用而已。欧姆定律/串联分压电路是运放电路、电压比较器的基础，运放和电压比较器又是一切集成芯片、数字电路、电源芯片、MCU/DSP 等的构成基础。

检修的思路、法则应该是：简单些、还能再简单些，清楚直接、有办法解决。而不是：复杂、应该再复杂些，以至于云山雾罩，彻底迷失方向。让原理分析回归电路本身，让故障检修回归元器件本身。

这本书并非知识的库藏性展览，而在于"闻一而知二三"的启发性作用。如果有幸为相关的主流知识界所接纳，用于本科或专科院校、职业中专等教学单位作为教材使用（笔者在此也郑重推荐一下），从而不仅有助于广大工控同行提高对模拟电路故障的诊断和检修能力，更能益于广大学子扎实地掌握电子电路知识，是笔者所期冀也。

此外，尚有几点提请读者朋友注意：

① 本书第 1 篇和第 2 篇关于原理解析的部分，所列举电路示例，相对于实际电路来说，做了适度化简，如省掉滤波元件等。第 3 篇检修实例中，则完全忠实于电路原貌。

② 本书中的相关数据或数值，一般对小数点后的第 2 位不予关注，并且处理数据有"差不多""大概其""接近于""约等于"的趋向，这是笔者长时间检修中养成的习惯。笔者的一些方法和相关分析，有时系"个人所见"，可能尚有值得商榷之处。另外，本书行文风格，也必然深深打上"咸老师风格"的烙印，直抒胸

臆，有时可能就疏忽了规范（虽然已经有所注意）。

③ 本书电路实例，采用上述各种设备的实际电路，是笔者由线路板实物测绘所得的电路图，均系第一手资料。由于笔者精力和技术能力所限，本书电路实例和文字分析可能存在不足之处，请读者朋友注意。

感谢我的家人和友人们的支持。感谢我的读者们，是你们广泛的支持和无边的爱，成就了本书。

咸庆信

目 录

CONTENTS

第2篇
电压比较器原理新解与故障检测方法

第3篇

模拟电路故障的诊断与检测

第2章　也不算复杂：直流母线电压检测电路　　134

第 1 篇

运放电路原理新解与故障诊断

第1章

为何要"新解"运放？

1.1 引子

埋头工业电路板的故障检修已经三十几年了，我经历了二十世纪七八十年代的电子管时代、八十年代的晶体管时代，九十年代至二十一世纪初的集成电路时代、MCU 时代，到今天的 DSP 时代，由这些器件构成的电子线路板是我的主要工作对象。一个人近于孤独地坐在窗下的工作台前，天上是云卷云舒，窗外是晨光晚霞，市声入耳又淡然远去，日复一日年复一年。检修中的电路板由电子管变为了晶体管电路，出现了集成 IC 器件，接着又出现了集成 IC 器件和 MCU 合一的智能型线路板，随之又变换成集成电路和更多 DSP 器件合一的线路板，这一切如同意识流电影镜头，在我的生命流程中闪烁而过，电子电路发展的大时代我恰巧有幸经历过了。

自二十一世纪之初，工业自动化控制的浪潮逐渐掀起，智能化控制的需求使电子电路构成的线路板出现在各行各业的工作现场，而到了集成电路时代，处理各种模拟量的电路，如处理电压、电流、温度、湿度、压力等信号，无一例外地一定要用到集成运算放大器（简称运放）电路，而不管它是哪一类型的设备，基本电路结构和特征都是大致相同或相近的。像工业控制系统中应用量较大的设备，如变频器、交 / 直流伺服驱动器、PLC 及各种控制仪表、专用加热设备、调压和调功设备等，其故障检修的主要任务和内容之一，就是将其中的模拟信号电路部分进行"复原"，使之由故障状态恢复至正常工作状态。

构成电路单元的器件，由单一器件过渡到集成器件，从故障分析到故障诊断，其难度究竟是增大了还是降低了？运放电路的原理分析和故障检修，真的是高难度吗？

1.2 笔者学习和掌握运放电路的历程

初识运放器件，如见轻纱笼罩的山水，美丽但细节模糊。

如图 1-1-1 所示是常用运放芯片实物和引脚功能图。黑色的长方形内藏匿了什么东西？即使用锤子和榔头砸开，也难以看出什么道道来。看原理方框图，仅仅是标着一个个"+""−"符号的三角形而已。想搞明白，首先还是要看书。

先找到一位四年电子本科毕业的同事，借到《模拟电路》上、下册，后又在书店买到

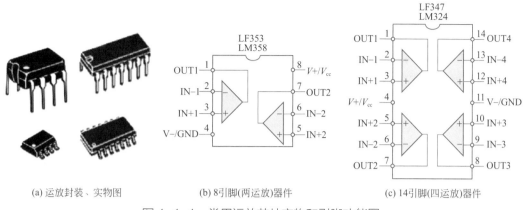

(a) 运放封装、实物图　　(b) 8引脚(两运放)器件　　(c) 14引脚(四运放)器件

图1-1-1　常用运放芯片实物和引脚功能图

各类相关运放电路的书籍，故障检测相关的书籍基本上还是空白的。通读了一遍、两遍、三遍，也下过功夫，笔记做了几大本。但总感觉是隔靴搔痒，连篇累牍的公式推导、相关高等数学的计算是最大障碍，往往理解到三分之一，勉强理解到四成，只能"望书兴叹"！在电路中，运放的状态如何是正常，如何是故障，仍旧云绕雾漫，不得头绪。

与同行和电子专业毕业生们交流，得知运放是"魔电"——学起来很容易迷糊，运放是"磨电"——学习运放要经得起折磨；得知运放原理要学会是很难的，怀疑运放芯片坏掉，代换试验就可以了，不用想太多。搞得我一个山东人的犟脾气都犯了：我就纳了闷了，怎么就难学了？！怎么就难判好坏只能代换？！

好在我一直从事着运放电路的故障检修工作，可以将实测结果与相关理论进行反复验证与对照。那些公式不好懂也懂不了，干脆不予理会了。运放里面的电路构成先不管它（也管不了），从外围电阻分压电路的构成、外围二极管的单向特性、电容的"易变"特性进行迂回分析，当我把所有理论书撂下几年，埋头实践和总结，突然有一天，我自语道：我大概明白运放是怎么回事了。

我一直和传统的运放理论层面走的是近于反向之路，姑且称之为"学院派"和"实践派"吧。现在举数例加以说明。

（1）整流二极管

学院派：PN结原材料，电子空穴对理论，电场理论，扩散和漂移理论。目的是研究和制造。

实践派：

① 确认器件是否为二极管，用于整流或钳位（有"跑电路"进行确认的基本功）？

② 器件是好的还是坏的（检测方法要过关）？

③ 用原型号或非原型号进行代换，使之工作正常（判断正常的能力），目的是修复故障。

（2）电解电容

学院派：相关材料学，电场理论，电压、电流相位分析，相关矢量计算，等等。

实践派：

① 基本原理为充、放电，电容充电过程有"三变身"：充电瞬间为导线（极小电阻——器件两端电压低，流通电流大）；充电期间为逐渐变大的电阻（充电电流逐渐减小，两端电压逐渐升高）；充满电后电阻无穷大（流通电流为零，端电压等于供电电压）。根据电容特性，结合电容的实际工作表现掌握工作原理。

② 判断电路中电容器件的好坏（知道哪种检测设备好用，哪种检测方法到位），并用合适器件来代换，进行修复。

（3）微积分电路

学院派：通篇是微积分数学公式计算与推导，用计算结果说明电路原理，把电子课上成了数学课。

实践派：

① 从电容特性和工作表现，即充电的三个步骤分析电路原理，微积分电路的分析突然变得简单易懂。

② 动态工作中可测得输出脉冲波形；静态变为比较器，易于检测工作状态，判断好坏。

③ 运放芯片的型号有数千种，经常碰到的也有较多种类，提前购置一至两种备件，有故障时去代换就行了。如果非常被动地购置备件，修一个板碰到一个新型号，即要采购一次配件，那我就摇头了：你还是差那么一点噢。搞维修，在备件上不必多费心才对头啊。

（4）实际电路的分析方法

如图 1-1-2 所示，是一例 7.5V 基准电压的产生电路。

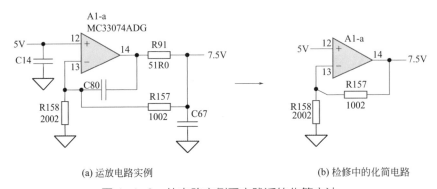

(a) 运放电路实例　　　　　　　　(b) 检修中的化简电路

图 1-1-2　从电路实例看实践派的化简方法

学院派 / 设计者考虑的是图 1-1-2（a）电路中各元件 / 器件的选型和具体参数，如 C80 的取值，会对某一频段的信号产生多大的相移等，对各元件 / 器件损坏故障后的表现，则不予关注；而实践派 / 检修者要做的则是：①要能快速确认电路类型，具有将图（a）电路化简成图（b）的能力，由此确认电路为 1.5 倍的同相放大器。②知晓其正常工作状态，如输入端电压为 5V 信号时，输出端电压应为 7.5V，否则即为异常。应能根据检测结果判断故障出在前级、本级还是后级。③若 A1 器件损坏，如无原型号备件，应有选用现有器件代换原器件的能力。

换言之，对于该电路而言，学院派越是重点关注的，检修派在一般情况下则恰好可以不予理会，如暂且将 C14、C80、C67 等小电容以开路视之，暂且将 R91 以短路视之，等等。事实上，对于本电路，只要输入 5V 信号足够"直流化"，则 C14、C80、C67 等小电容的开路故障实际上并不能表现为故障；若 C14、C80、C67 等小电容有漏电或短路情况出现时，也必然会表现为明显的故障，而得到检修。

> 简而言之，学院派对具体电路走的是复杂→研究→细化→提升设计能力→复杂化的路子；实践派对具体电路走的是简单→化简→便于工作状态的判断→简单化的路子。实践派只需要两个字确认某元件/器件或者某电路的性质：好？坏？

事实上，将学院派与实践派孤立出来进行对比的方法显然是不妥当的，因为理论与实践是永远无法分家的。仅仅是前者偏重于理论分析和计算，而后者偏重于准确判断器件的好坏而已；前者偏重于如何选件，后者偏重于器件是好的还是已经坏掉；前者的设计或理论分析最好是用实际电路来验证一下，或者说某种理论恰恰是在大量实践的基础上形成的，后者的检测判断也一定会依赖于相关理论分析的支撑。

理论与实践就像是人的两条腿，配合得宜才能走好路。从书本到书本可能是学院派的局限，若能在书本和实践之间自由游弋，则会出现理论大家；靠拆装和焊接操作来积累经验是实践派的短板，虽然具有几十年的维修经历，依然是"板级水平"（指换板修复模式）。若能依靠理论学习，加上实践的总结归纳，理论和实践得以互相印证和提高，使"芯片级检修"（判断具体元件/器件的好坏）成为可能，则工匠级维修专家的出现才有希望！

古人早就意识到：真意离于言诠。言语出口即生局限，文字仅仅是有局限的道理。实际工作当中，要随时注意克服自己的思维定式，不能自囿于理论的围墙之内，理论高于实践，但有时实践会大于理论。而最终，理论和实践是一体两面，不能截然分割的。

1.3 本书所涉及电路内容

① 不涉及射频电路、超高频电路。

② 不涉及通信、航天、医学、光学等专用、专业电路。

③ 涉及的通用工业控制电路板范畴：如变频器电路，交、直流伺服驱动器电路；PLC 电路，通用仪表电路；软启动器电路，直流调速器电路；其他加热、调压或调流电路设备等。

上述各类工业控制电路板的共同特征：

① 在工业控制领域内得到广泛应用；

② 设备一般工作于低频/工频或直流环境；

③ 电路板多采用通用型元器件。

本书举例的电路，笔者思之再三，从电路结构形式的完备性、系统性和代表性来说，变频器电路处于优选之列，故列举模拟电路的实例以变频器线路板的电路为主。

此外，尚有几点提请读者朋友注意：

① 本书第 1 篇和第 2 篇关于原理解析的部分，所列举电路示例，相对于实际电路来说，做了适度化简，如省掉滤波元件等。第 3 篇检修实例中，则完全忠实于电路原貌。

② 本书中的相关数据或数值，一般对小数点后的第 2 位不予关注，并且处理数据有"差不多""大概其""接近于""约等于"的趋向，这是笔者长期检修工作中养成的习惯。笔者的一些方法和相关分析，有时系"个人所见"，可能尚有值得商榷之处。另外本书行文风格，也必然深深打上"咸老师风格"的烙印，直抒胸臆。

③ 本书电路实例，采用上述各种设备的实际电路，是笔者由线路板实物测绘所得的电路图，均系第一手资料。由于笔者精力和技术能力所限，本书电路实例和文字分析可能存在不足之处，提请读者朋友注意。

1.4　检修运放电路的理论基础

下面给出一些从实际检修要求出发，由理论和实践融合之后得到的几个理论要点。

1.4.1　欧姆定律

检修需要掌握哪些基本的公式或计算？答案是欧姆定律。检修的理论基础在此，检修的理论制高点仍然在此。故障检测中在检测什么？在诊断什么？即判断"疑似故障点"的电压、电流、电阻三要素是否正常，除此无它。而且任何信号电路都可精简或等效为由电源、负载、连接线路和开关形成闭合通路的电路模式，判断此电路好坏的根本工具即欧姆定律。也许读者朋友对这个结论已经有了第一个小小的震惊（每当"机密"披露，难免会引起情绪波动），而后述文字将平复大家的心绪。

在此列出本书唯一一个要求大家必须记住的公式：$I=U/R$ 或 $U=IR$ 或 $R=U/I$。它说明了在闭环电路中，电流、电压和电阻三者的关系。计算具体数值当然也不是难事，加减乘除而已。如果读者具备摆摊卖青菜的计算能力，就已经足够用了。但是要求大家能把此公式应用到具体电路上，而非仅仅是将其作为一道数学题来看待。

如图 1-1-3 所示，若电源 G 和 R1、R2 为已知，则不难预判图中各点电压和回路流通电流的大小数值。另外，若仅仅已知 R1，则由 R2 端电压降或回路电流值，可得出 R2 值。

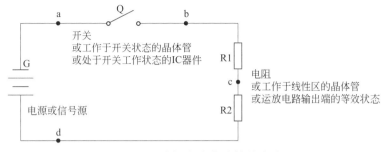

图 1-1-3 欧姆定律电路等效电路图

图 1-1-3 中的 G，可以是直流电压，也可以是交、直流信号源；Q 可以等效开关状态的晶体管的 c、e 极，也可以等效处于工作状态的数字 IC 器件的输出动作状态；R1 与 R2 可以是实际电路中的电阻元件，也可以是线性放大器晶体管的 c、e 极，或运放电路的输出端所等效状态。

如此一来，对任何电路的故障检测，最后都可以等效或化简为图 1-1-3 所示电路，进而由欧姆定律法、电流法（下文述及）来判断电路内部各元件 / 器件的好坏（大家还可以先震惊一小会儿）。

检修实践，其实是将书本上的欧姆定律，有时仅仅是数字意义的欧姆定律，变成在电子线路板上能够用于实施故障判断的欧姆定律，这需要一个甚至是有点漫长的过程。

1.4.2 "电流检测法"与"成片检测法"的提出

1.4.2.1 "电流检测法"简述

对于图 1-1-3 所示不存在开路点的闭合电路，测试 R1、R2 的端电压，即能反映电路中 G、Q、R 等元器件的好坏。而实际上，如 IGBT 驱动电路的"检修"状态，恰恰存在一个"自然开路点"，即图 1-1-4 中 e、f 点，若 Q 已经处于闭合状态，在 e、f 点接入电压测量仪或示波表探头，如果单独从波形幅度、电压幅度的测试结果来看，并不能"真正说明"电路

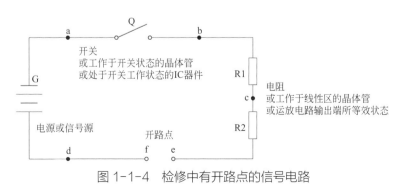

图 1-1-4 检修中有开路点的信号电路

中 G、Q、R1、R2 等元器件的好坏，这是因为受示波表或万用表输入端的高阻特性所制约，测试过程必然处于"零电流测试状态"，测试电压幅度的"合格"，并不能说明以下两点。

① Q 是闭合充分的，即不存在不能容忍的接触电阻。若存在接触电阻，也不能在测试电压幅度或波形幅度上表现出来。

② R1、R2 是好的，不会出现阻值变大或变小现象。若出现阻值变大或变小现象，也不能在测试结果上表现出来。

> 结论：测试结果有可能是虚假的，有可能测试失败，有可能导致故障机器返修。

在已知 G 和 R 情形下，当然也会同时得知流经 e、f 点的电流值，如果此电流值是正常的，则反证了 G、Q、R1、R2 等元器件统统是好的，即"电流对一切对，电流不对必有问题"。

此时若在电路闭合条件下，实施"跨点法"测试，如分别测试 a、b 两点之间，b、c 两点之间，c、e 两点之间的电压降或电流值，则能快速准确地确认故障环节而修复之。

1.4.2.2 "成片检测法"略述

检修过程中，可以灵活地对部分电路实施"掐点成段／成片"的办法，对局部（包含多个元器件的电路，如某检测电路的起始点或终点，即图 1-1-5 中的 a、d 点）电路进行故障判断。

图 1-1-5 "成片检测法"例图

图 1-1-5 中，由 KA 触点、二极管和电阻串联而成的"一片电路"，常规检测方法不外乎两种：

① 停电状态，用电阻法分别对 a、b 段，b、c 段，c、d 段进行通断或电阻值（二极管电压降）的检测。

② 在线上电状态，用电压法分别对 a、b 段，b、c 段，c、d 段的电压降进行检测。

以对 a、b 段的检测为例，问题是：无论是电压检测法的"零压降"，还是电阻检测法的"蜂鸣器是响的，或显示电阻值极小"，能否确认 KA 触点就是好的？

若以 b、c 段为例，问题是：测试仪表显示电压值（如 0.4V）或电阻值（如 7.8kΩ），能否由此确认 VD 元件就是好的？

上述检测对 R 的确认大致没有问题，但因检测条件所限，如万用表的二极管测试挡，一般仅给出 1mA 的测试电流，在此检测条件下，KA 和 VD 的不良，往往不能有效表现出来，从而造成了检测失效。

比较好（尽最大可能降低了故障返修率）的方法是在 a、d 段施加测试电流，此时因 R 为已知，VD 的正常工作电压降为已知（约为 0.8V），若测试 a、d 段的流通电流值约等于预判值，则可以确认 a、d 段内的所有元件都是好的。

若此电流值偏大或偏小，再分段施加测试电流，如 a、b 段应为零电压降（或可认为自 a 点流入多少电流，则应从 b 点流出多少电流），则此触点是否虚接、有无毛刺、是否存在接触电阻等，不必拆开外壳即能断定了。

单独针对 a、b 段，建议测试电流给到器件的额定工作电流值，若测试电压降接近 0V，说明 a、b 段电路确定没有问题。

> 电阻法、电压法乃至波形法，若能配合采用"电流检测法"，则会在维修工效上和故障检测的精准度上获得大幅度的提升。尤其是对于流通电流较大的工作回路，更见其优势。

说明：这里仅仅给出示意性的指向和说明，具体操作详见后叙。

1.4.3 所有运放都是直流放大器，所有信号都是直流电压信号

所有运放器件都是直流放大器，已是共识，这点是没有疑义的。所有信号都是直流电压信号，这个提法好像有几分新鲜，若成立，所有高、低档各类信号发生器，似乎都要面临束之高阁的命运了（这也许是我送给大家的第二个小小的震惊）。

从工频/市电的角度来看，图 1-1-6 中的（a）信号为 2V 交流电压信号。图 1-1-6（b）的电路为该信号后级放大器，从电路的电阻元件取值来看，电压放大倍数约等于 1。如果仅仅截取一个信号周期，则输出信号与输入信号是倒相关系；若多个周期连起来看，则输出近似等于输入；若从直流角度看，电路的动态/静态电压都为 0V。

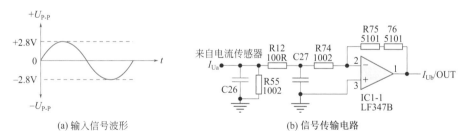

(a) 输入信号波形　　　　　(b) 信号传输电路

图 1-1-6　交流信号放大电路

此信号对应负载电机的额定电流，当需要检测图 1-1-6（b）电路的动态能力时，是否需要电机满载运转起来才能取得该信号呢？

图 1-1-6（b）电路所传输的交流电压信号，其实也可以看成 0~±2.8V 以内的直流电压，二者本无大异，只是信号变化的速度不同而已。在图 1-1-6（b）电路的 IU 输入点送入 0~±2.8V 的直流电压信号，代替原输入信号，检测电路的 IU/OUT 输出端的电压：电路若传输直流电压的能力正常，则处理（a）信号的能力也就正常；若传输直流电压的能力失常，则不能正常传输（a）信号电压。

在低频或近于直流的工作环境，交流信号与直流电压二者近似是一个东西，非要将其进行截然区分的想法，近似于拿起绳索来捆绑自己一样。

检测运放电路，不必再苦恼于手头没有合适的信号发生器，对于动、静态信号的制作更可以顺手拈来，因为"其貌不扬"易于就地取材的直流电压，已经是较好的万能信号源。

1.4.4 "虚断"与"虚短"规则，既是原理又是检测依据

"虚断"与"虚短"的运放理论已经深入人心，四个字说明运放工作原理已经足够，其实用此四字诊断运放故障，也可以愉快胜任。

可能有一位将运放的四字理论掌握得非常棒的人士，他试卷上的成绩大概能到98分。但到了对运放故障的检测之际，他偏偏将此四字理论忘个干净，他或许以为在实际检修中应该还有另外的秘诀，我发现了他对"虚断"与"虚短"的四字理论仍然信心不足。诚然，一方面实际的运放产品与理想运放的指标尚有距离，但另一方面电子技术的飞速发展使运放产品的性能越来越接近于理想运放，以至于套用四字理论来检修运放故障，在绝大部分场合是行得通的，也是高效率的。

允许我反问一句：如果用四字理论不能诊断运放故障，去哪里又能找到另外的更高级的方法？

运放电路的故障检测与诊断方法，都是基于这四字理论而派生的。

1.5 为何要"新解"运放电路？

回到本章的正题：为何要"新解"运放电路？

某年夏天，一个蝉鸣高唱的上午，某大专院校的某教师，突然莅临笔者寒舍。吾不禁怵然问之：贵客临门有何贵干，可有效劳之处？答曰：无它，取经来也。又问：大经原在贵府，草舍有何宝物劳驾来取？请指教。答曰：想我校师生，师也尽责，生亦努力。二三载或三四年光景，百千课时运放原理，竟不能解。而对板茫然，尤可叹惋。咸工何能，二十余天，线路板维修竟能教会？务必实情以告。

吾据实相告：运放原理及故障检修，一般三五个课时，费时约一天半至两天，原理即通，检修无碍。客闻我言，面露惊色疑色惑色，对曰：愿闻其详。复据实告之：非故弄玄虚，乃实情也。客与我法本无高下，譬如登山，惟路径、手段不同而已。客者登山，须先清杂草、探路径、修栈道、架高梯，故上山当须费些时日。吾则不避幽僻，寻一险峭之所，抛缰而下，登者则牵绳而上，故此时短。

客闻之默然良久，慨叹道：未虚此行，以图后聚。

运放电路原理的学习之难已成共识，尤其是微积分部分更成拦路之虎。依笔者之见，从电容的物理特性——充放电的现象与变化入手，则浅显易懂（问题突然变得简单了）。可惜的是，一般书籍是从微积分的数学解题入手，将电子物理课硬生生搞成了数学课。即使学生在试卷上得了满分，也仅仅是数学计算能力过关，对电路原理的领会仍然茫然无绪。

能否有一些简单的方法、直捷的路子，先让学生理解了（哪怕是较低层次的学会），然后再深入提高。如针对微、积分电路，从电容充、放电的物理表现角度切入，让原理分析与故障检修回到电路本身或器件本身上来，效果是否更好？而其实，研究和设计应该是一条路，线路板的故障检修应该是另一条路，研究型和应用型的路子应该要有两种走法才对。在本人多年以来工业电路板的教学实践中，确实摸索出了一套较为快捷的讲解方法，使学员能在短期内切实掌握运放原理分析及故障检修技能。

也许模电（模拟电路的简称）不一定等于"魔电"或"磨电"，也许有一条模电→简电的小道可行，没准这恰巧是一条比较省力气又容易走得通的路。

不敢自秘，呈于君前。

第 2 章

运放原理初阶

2.1 运放特性简说

集成运算放大器（简称运放），常见为三端元件（双端输入、单端输出的电路结构）、理想三极管（具有高输入电阻、低输出电阻、高电压放大倍数）、高增益直流放大器。

运放电路的特点如下：

（1）极大的输入电阻

高输入阻抗，输入端流入、流出电流近于 0，几乎不取用信号源电流，近于电压控制特性，从而导出"虚断"概念。输入电阻达到千兆欧级以上，输入电流小至纳安级甚至皮安级，已经小到可以忽略不计。

（2）极小的输出电阻

具有（在负载能力以内）不挑负载，即适应任意负载的特性，输出近于恒压源特性。其实电路的职责是处理电压信号，故可知后级电路的输入阻抗较高，无须担心运放的带载能力。

（3）无穷大的电压放大倍数（无穷大有点夸张了，万倍级别可达）

这就决定了：在一定供电电压条件下，放大器仅能工作于闭环（负反馈）模式下，且实际应用的电压放大倍数是有限的（实际应用一般为 10 倍以内）；开环模式即为比较器状态，输出为高、低（开关量）电平。

> 在闭环（有限放大倍数）状态下，放大器随机比较两输入端的电位高低，若有不等时输出级电路会及时做出调整动作，放大的最后目的 / 结果，是使两输入端电位相等（其差为 0V），从而导出"虚短"概念。
>
> 其实，在放大过程中，是在进行着"放大不离比较，比较不离放大"动态平衡的调整。

2.2　运放符号及结构简析

2.2.1　运放的原符号和新符号

集成运算放大器内部含输入级、中间放大器和输出级电路，但电路图纸中以一个三角形的三端器件或再加上供电端的五端图形示之。对于由输入端信号变化引起输出端电压变化的过程，就图 1-2-1（a）进行分析，稍嫌抽象，给剖析工作原理带来一定的难度。如果将输出级电路搬到经典三角形运放符号的外部，形成如图 1-2-1（b）所示的新符号（下文中即定义为新符号；对于传统的三角形符号，则定义为原符号），进而确定 / 揭示输入端和输出级两只三极管 [图 1-2-1（b）电路中的 VT1、VT2] 的对应关系，如此，抽象就会趋于具体，这对于增进运放原理的可理解性有所助益。

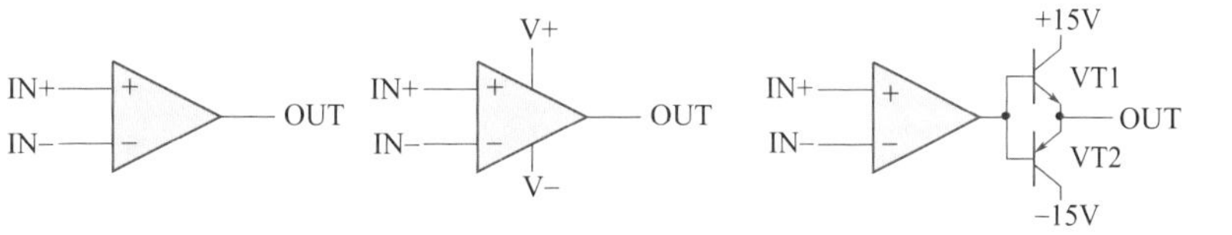

(a) 原符号　　　　　　　　(b) 新符号

图 1-2-1　常规运放符号与创意新符号

从常规运放符号看，除了输入、输出三个端子，正常工作时还需两个供电端子，这样一来，实际应用的单级运放电路其实是个五端元件了。

输入端 +、- 标记的意义是根据 IN+、IN- 两个输入端的电压变化影响 OUT 输出端的电压变化趋势来规定的，若令 IN+ 端接地（或施加固定不变的基准电压），输入信号至IN- 端，输入电压升高时，输出电压是降低的，呈反相 (或反向) 关系，则称为反相放大器；反之，若令反相输入端产生接地回路，当信号从 IN+ 端输入，输入电压与输出电压变化的趋势是相同的，则称为同相放大器。

运放电路的典型供电电压为 ±15V，当然实际电路中也可能采用 ±5 ～ ±15V 内的电压，均能使其正常工作，若用单电源供电来处理线性电压信号时，须采取相应的技术措施，后续第 7 章 "单电源供电的运算放大器" 有专文述及。

如图 1-2-1（b）所示，运放器件的输出级电路为 NPN 型和 PNP 型晶体三极管构成的电压互补式放大器，此种接法当 VT1 发射结正偏导通时，VT2 发射结必然反偏而截止，任意时刻两只管子仅有一只晶体管处于导通状态（当然，两只管子也有可能会同时处于截止状态）。

2.2.2　运放电路的开环表现

开环和闭环的概念：运放的输入与输出端各自有独立的电压 / 电流回路，互不牵涉，为开环状态；将输出端电压 / 电流信号引入至 (反相) 输入端，从而形成对输出值的影响，称为闭环负反馈控制。如图 1-2-2（a）的电路，因输入回路与输出回路相互独立，故为开环状态。

输出侧信号电流回路：以 ±15V 典型供电为例。电源 G1 与 G2 为串联关系，±15V 电源的公共地（+15V 电源的负端或 −15V 的正端）即为信号地（即 0V 基准点），此后本章中所指输入电压、输出电压的高低，均指针对信号地（有时简称地）而言。一般情况下为了图面简洁，通常在图中将运放器件的供电端省略掉（如果不是特别指明，其供电电源皆为 ±15V）。

输出电流回路由图中两种虚线标出，命名为 I1 和 I2。显然，当运放电路内部输出级的 VT1 导通时，形成由 +15V 电源正极→ VT1 的 c、e 极→负载电阻 RL →地的信号电流，故 OUT 输出电压对地而言为正；当运放电路内部输出级的 VT2 导通时，形成由地→负载电阻 RL → VT1 的 c、e 极→ −15V 电源负极的信号电流，故 OUT 输出电压对地而言为负。当输出端空置时，测量仪表的接入自然形成了 RL 负载，故仍有输出电流回路和输出电压的形成。

输入侧信号电压回路：反相输入端 IN− 输入信号为一基准电压 V_{REF}，从同相输入端 IN+ 进入的为输入信号电压 P（可以是交变信号，也可以是直流电压），两路输入信号都是在输入端和地之间构成回路。

由此，可知输入电压、输出电压的大小，都是对地"说话"的，检修测量中，找准地并且使万用表电压挡的黑表笔搭到地上，是得出准确测量结果（电压数值）的前提条件。

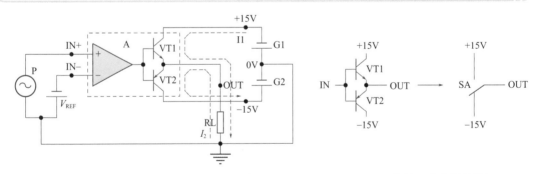

(a) 输入信号电压回路和输出电流回路示意图　　　　(b) 输出级工作状态等效图

图 1-2-2　运放电路处于开环 / 电压比较器时的工作状态示意图

运放电路的 IN+ 和 IN− 两个输入端，像是互不服气的俩兄弟，随时在争（电压）高低，输出级电路的任务是判断二者孰高孰低，做出相应的调整动作。

当电路开环时，我们先来从比较特性出发，规定输入端 IN+、IN− 与输出级 VT1、VT2 的对应关系，找到当输入信号电压变化时，IN+、IN− 端电压变化引起 VT1、VT2 的相应变化规律：

① 将 IN+ 端对应 VT1，当 IN+ ＞ IN− 时，VT1 导通，使 OUT 输出电压往 +15V 上靠拢；

② 将 IN− 端对应 VT2，当 IN− ＞ IN+ 时，VT2 导通，使 OUT 输出电压往 −15V 上靠拢。

> 当运放电路处于开环状态时，因其放大倍数无穷大，只要 IN− 和 IN+ 之间出现极微小的电位差，输出电压即要么接近 +15V，要么接近 −15V。输出只有高、低电平，而无其他结果。此时，输出级电路 VT1、VT2 的工作状态可由图 1-2-2（b）的等效图来视之：VT1、VT2 的 c、e 极间状态表现为开关特性，两管的电压互补关系如同一只一刀两掷的切换开关，形成了近似 +15V、−15V 切换输出的开关状态。当 IN+ ＞ IN− 时，VT1 导通，使 OUT 输出电压往 +15V 上靠拢（接近 +15V 电平）。

运放器件其实是为闭环工作而制作的，设计初衷是保障其工作中有尽可能大的线性区域，当 VT1 通时，只能说 OUT 端电压值接近供电电源电压 +15V，而不可能恰好等于 +15V。而通常，当此电压大于 13V 时，可以近似认为 VT1 的导通已经足够充分，电路已经出离放大区进入开关区了。

2.3　电压跟随器的电路类型和工作原理

2.3.1　串联分压电路的结果估算

简化运放电路工作原理的第一步，即从电阻串联分压决定输出电压这条线出发，找到解开运放原理分析之锁的钥匙。由运放构成的线性放大器，运放芯片唱配角，而由电阻串联分压电路唱主角：电阻串联分压电路作为运放正常工作的偏置电路，决定电路形式和输出电压的高低，其原理分析和故障检修，是依赖对电阻串联分压的分析来进行的。运放电路，玩得就是电阻串联分压的游戏啊。

2.3.1.1　必然要算的分压电路

图 1-2-3 中给出了 5 种串联分压电路的举例。注意所需判断的 a 点电压，均是以地为 0V 基准而言的。

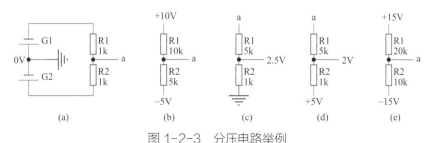

图 1-2-3　分压电路举例

对 a 点电压正负和数值大小判断的方法如下：

① 据电流方向确定正负；

② 电阻比例等于电压比例。

判断如下：

图（a）电路，若 G1=G2，R1=R2，两只电阻两端压降均等，可知 a 点电压恰为地电位，是 0V。

图（b）电路，电路总压降为 10V+|−5V|=15V，总阻值为 15kΩ，则电压与电阻的比例为 1V/1kΩ，R2 两端压降为 5V，据电流方向，a 点电压比 −5V 高 5V，是 0V，恰为地电位。

图（a）、图（b）电路中的 a 点电压恰为地电位的 0V，但非真正接地点，而是恰好由电阻串联分压而得到的 0V，运放电路中的"虚地"概念，正是基于此的。

图（c）电路，已知 R2（1kΩ）两端压降为 2.5V，故可知 R1 两端压降为 5 个 2.5V（即 12.5V），可知 a 点对地电压为 15V。

图（d）电路，已知 1kΩ 电阻两端压降为 5V−2V=3V，R1 两端电压降 =3V×5=15V。电流方向由下往上流，故 a 点当为负电压，可知 a 点对地电压为 −（15V−2V）=−13V。

图（e）电路，由总压降和总阻值可知二者比例为 1V/1kΩ，故知 a 点电压为 −5V。

注意 !!!

需说明的是：串联分压电路中得出 a 点电压值，有各种计算方法可用，正所谓"条条大路通罗马"。比如先算出 R1 的电流，再据 U=IR 得出 R2 两端的电压降，进而得到 a 点对地电压值。因串联分压回路中 R1、R2 流过的是同一电流，而分压值仅和电阻值相关，故可以省略对电流值的计算步骤，一定程度上使估算速度得以提升，估算过程得以简化。

2.3.1.2　不用估算的"分压电路"——分压电路的"零压降"状态

某种情况下，信号电流和信号电压恰恰为零，此时的串联分压电路，因无电流流通，也就不具备分压作用，即处于"零压降"状态。故障检修中经常会碰到这种情况，即分压电路的"零压降"状态。

显然，图 1-2-4（a）电路中的 a 点电压为 0V，（b）电路 a 点电压为 7.5V，无须再进行估算，而 a 点电压值也与 R1、R2 的具体阻值和比例无关。

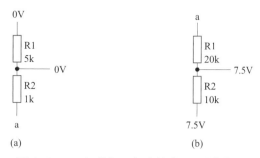

图 1-2-4　串联分压电路的"零压降"状态

检修中，要求"一眼看出 a 点电压值"，并不困难吧？

> 在检修中，通常不是依赖计算器和数学公式"算出"电压降来，而是将估算方法熟练到一定程度后，把 a 点电压"直接看出来"。而检修故障的实质性内容不是别的，就是"看一下"该点"电压对否？电流对否？电阻对否？"而已。我向您保证，并没有其他的秘诀和绝技。

2.3.2　电压跟随器基本电路

如上所述，运放器件是作为线性放大器来设计的，常规应用必须工作于闭环状态——将 OUT 端输出电压引回 IN− 端以构成负反馈通路。其中一种极端的方式，是将 OUT 端与 IN− 端直接用导线（电路板上的铜箔）短接，即将输出电压信号全部引回至反相输入端（反馈量 100%），则放大器将失掉电压放大能力，处于电压跟随器的工作状态（如图 1-2-5、图 1-2-6 所示）。

2.3.2.1　当电压跟随器输入信号电压为正时

首先确定原始状态三端电压都为 0V。当 IN+ 输入端信号电压变化时，平衡状态被短暂打破，输出级 VT1、VT2 马上做出调整动作，以建立新的平衡状态，即使 IN+=IN−（"兄弟俩"一般高，电路就安稳了）。

图 1-2-5 中，当同相输入端输入信号电压为正时，因 IN+ > IN−，对应输出级 VT1 导通，VT2 的发射结处于反偏状态而截止，进而可以图 1-2-5 的（b）电路等效之。

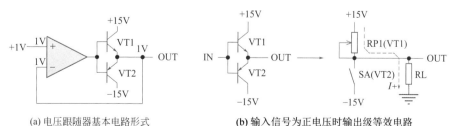

(a) 电压跟随器基本电路形式　　　　(b) 输入信号为正电压时输出级等效电路

图 1-2-5　输入信号为正时的工作状态

此时，VT2 工作于开关区的截止区，VT1 工作于可变电阻区，形成一只可变电阻，故用 RP1 来表示。输出信号电流 $I+$ 由 +15V 的供电端出发，经 VT1 的 c、e 极所等效的 RP1、RL 入地，在 RL 上形成信号电压输出。若令 RL 为 1kΩ，则可知 RP1 的调整值一定恰好为 14kΩ，故 OUT 端对地电压为 1V。若 RL 为 10kΩ，则 RP1 会自动调整为 140kΩ，而保持输出电压（RP1、RL 串联分压值）不变。运放电路"不挑负载"的特性由此可见。

2.3.2.2　当电压跟随器输入信号电压为负时

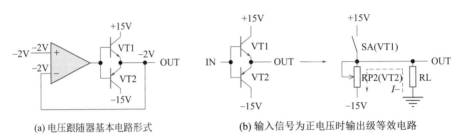

(a) 电压跟随器基本电路形式　　　　(b) 输入信号为正电压时输出级等效电路

图 1-2-6　输入信号为负时的工作状态

当同相输入端输入信号电压为负时，IN− > IN+，对应输出级 VT2 导通，VT1 的发射结处于反偏状态而截止，进而可以图 1-2-6 的（b）电路等效之。此时，VT1 工作于开关区的截止区，VT2 工作于可变电阻区，故用 RP2 来表示。输出信号电流 $I-$ 由地出发，经 RL 负载，VT1 的 c、e 极所等效的 RP2 进入 −15V 供电端，在 RL 上形成信号电压输出。若令 RL 为 1kΩ，则可知 RP1 的调整值一定恰好为 6.5kΩ，故 OUT 端对地电压为 −2V。若 RL 为 10kΩ，则 RP1 会自动调整为 65kΩ，而保持输出电压（RP1、RL 串联分压值）不变。

大家不必担心 RP2 的值会不合适，这完全是一个全自动调整过程，为了实现两输入端"虚短"，RP1 必然处于一个"恰好"的值上。电路的任务，是当输入信号电压变化时，输出级即时做出调整动作，目的是使两个输入端保持"虚短"状态。

电压跟随器电路的两个基本特点：

① 闭环状态下，当电路达到平衡状态后，两输入端电压相等（其差值为 0），IN−=IN+，也即是所谓的"虚短"——两输入端在电位上的表现貌似一个点。"虚短"概念适用于一切由运放构成的放大器电路。

实际检修测量过程中，当输入信号变化时，两输入端电压不等的时间太短，不足以为万用表和我们的眼睛所捕捉。电路的控制速度非常之快（电路的反应极限速度大概为 30 万千米每秒的光速，如果算上各种延迟因素，也得数万千米每秒吧），当我们下笔测量时，调整过程已经结束。

　② 针对电压跟随器这个"特型电路"，三端——两个输入端和输出端——电压
是完全相等的，即 IN-=IN+=OUT，若有不等，电路即是坏掉的。

那么既然电压跟随器输入、输出电压是完全相等的（即无电压放大作用），添加该级
放大器岂不是无用的？答案是否定的。电压跟随器是一个阻抗变换器，变输入高阻抗为
输出低阻抗，提高带载能力，置身于前、后级电路之间，起到隔离和缓冲作用。如前级
电路为高阻抗信号源，带载能力极差，则经运放电路跟随输出后，可以大大改善其带载
能力。

2.3.3　电压跟随器的电路构成

2.3.3.1　增加输入电阻 R1 的电压跟随器电路

依据"虚断规则"分析，运放的输入端是既不流入电流也不流出电流的，则知 R1
两端电压降为 0V。在输入端串入 R1，如图 1-2-7 所示，对输入信号电压的影响可忽略
不计。

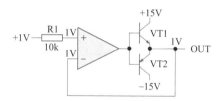

图 1-2-7　增加输入电阻 R1 的电压跟随器电路

其实电路中的好多元件在正常状态下是不起作用的，异常时暂时起到作用，是"长
期值勤偶然作为"。R1 介于两级——本级和前级电路之间，在故障时起到隔离限流作用。
今试举例说明：如前级信号电路为 MCU 电路，其供电为 +5V 电源。本级运放供电则为
±15V 电源，正常工作时 R1 两端既无电压降，而流通电流又为零。R1 的有无效果是一样
的。异常（如运放输入端和供电端发生短路故障）时，本级电路的异常电压或电流会冲击
前级电路，若无 R1 阻挡，则有可能会造成前级电路的输出口损坏。

2.3.3.2　增加输入电阻 R1、R2 的电压跟随器电路

电路增加了 R1，有时就要增加 R2 来弥补 R1 所带来的问题，如图 1-2-8 所示即为增
加 R1、R2 的电压跟随器电路。

图 1-2-8（a）（b）中的电路，在反馈回路中串入 R2，是为了补偿输入信号电压在 R1
上产生的电压降，目的是保障运算精度，使输出电压真正地跟随输入电压。运放器件的输
入端是"虚断"而非"真断"，通常其输入电阻高达 10 的 10 次方以上，其输入电流小至几

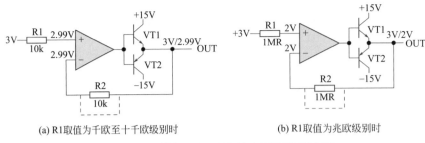

(a) R1取值为千欧至十千欧级别时　　　　(b) R1取值为兆欧级别时

图 1-2-8　增加 R1、R2 的电压跟随器电路

纳安甚至皮安级。为便于分析，我们可人为将输入电流"放大"为 1μA，分析 R1 取值不同时对输出误差带来的影响。

　　图 1-2-8（a）中的电路：当 R1 取值较小（如 10kΩ）或得当时，输入电流仅在 R1 两端造成 0.01V 的电压降（而真实情况下的电压降更小，以至于可以忽略不计），此时在反馈回路串接 R2 固能保障精度，而短接 R2，也几乎看不出大的影响。

　　图 1-2-8（b）中的电路，当 R1 取值较大或不当（输入信号源内阻够小，没有必要采用高阻值输入电阻）时，如果反馈回路中未串联 R2，则输入的 3V 电压信号，因 R1 的电压降损失形成 2V 输出电压，造成不能容忍的输出误差！此时，若在反馈回路中串联 R2，则得到极大改善，因 R1、R2 两端的电压降相等（为满足"虚短"规则以及 IN+ 与 IN- 端输入电流相等的缘故），使输出端电压等于输入端电压，电路仍具有电压跟随的能力。

　　请注意，对图 1-2-8（a）电路来说，R1 的左端和右端均可视为信号输入端，因两点之间电压降为零；而对于（b）电路，则 R1 左端为信号电压输入端，右端仅仅是芯片输入端——两点之间可能会有较大电压降。

> 结论：当 R1 取值偏大时，有必要增加精度补偿电阻 R2。

　　事实上，完成同一任务放大器的设计方案或电路构成，一定是有两种或两种以上的选择，在实际检修工作中，各种方案和结构都会碰到的。实际电路中的电压跟随器，既有输出端与输入端直接用铜箔短接的实例，也有在输出端和输入端串联 R2 电阻的实例。其原因不外乎如下：

　　① 设计人员的脾性和偏好所致。有的人认为 R2 几乎不影响精度，故可以省掉。对于更易"较真"的设计人员来说，则必须予以设置。

　　② 根据具体应用情况，决定增加还是取消 R2。

> 从故障检修角度看，R2 的有无不会影响电路的性质，图 1-2-8 所示的电路有无 R2 都是电压跟随器电路，只要输入电压等于输出电压，其误差可以容忍，电路状态即是正常的。但检测者起码须具备确认输入端、输出端的能力。

2.3.3.3　在输出端增加 R、VD 元件的电压跟随器电路

在已经熟知了内部输出级的结构，并明了输出与输入端的连带关系后，下文中将运放新符号"还原"为通常的三角形符号，并逐渐增加器件外属元件，以逐步加深对运放工作原理的理解。

图 1-2-9 中的（a）电路，在器件输出端和信号输出端之间串联了电阻 R2（其典型电路设计取值为 51 ～ 100Ω），此为输出级限流电阻，避免 OUT 端对地短路故障发生时，烧毁器件输出级。

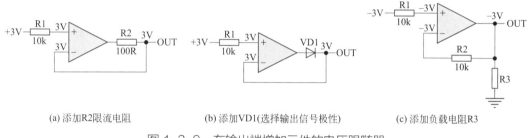

(a) 添加R2限流电阻　　　(b) 添加VD1(选择输出信号极性)　　　(c) 添加负载电阻R3

图 1-2-9　在输出端增加元件的电压跟随器

对放大器电路来说，如何确定输入端和输出端，也是确定电路类型的前提。如图 1-2-9 中的（a）（b）电路，运放器件的输出端不再是输出端，而 R2 和 VD1 右端才是真正的输出端。

确定输入、输出端的方法如下：

（1）输入端

对于电压跟随器，因为流经输入电阻的电流为零，电阻两端无电压降，输入电阻的大小和有无，不会影响到输出结果。输入电阻 R1 的左端和右端，可以认为是运放的两个输入端，都是信号电压输入端，故运放两输入端的电压值即为输入信号电压值。但须注意，当输入电阻取值偏大（兆欧级以上）时，R1 两端可能会产生电压降，此时应该确认输入电阻 R1 的左端为输入端。

（2）输出端

运放本身的输出端，不一定就是"信号输出端"。原则是：反馈信号取自何处，该点即是输出端。如图 1-2-9 中的（a）（b）电路所示，VD1 负端和 R2 的右端才是信号输出端，该点电压才是完全跟踪于输入电压的。至于运放本身输出端到底为何电压值，是与二极管的导通压降和后级负载电流大小有关系的，是变量。而 VD1 负端和 R2 右端的输出电压值，则是定量，永远与输入信号幅值相等。

图 1-2-9 中的（b）电路，在器件输出端和 OUT 端串联了二极管 VD1，又起到什么作用呢？分析如下。

如图 1-2-9（b）所示，当输入端为 +3V 电压输入时，OUT 端输出电压值为 +3V，电路仍呈现电压跟随器特性；当输入端电压值为负时，VD1 反偏截止，隔断了负电压输出。后级电路显然要求 OUT 信号电压为正，禁止负的信号输入。如 MCU 器件的输入信号，因为 +5V 单供电，对输入信号有两个要求：①输入信号电压不能超过 +5V；②不能输入负极性的电压信号。一句话，任何器件都必然要求输入信号电压不能超出其供电电源电压的范围。

结论：VD1 的作用，实现了对输出信号电压极性的选择性输出。放行正的电压信号，阻挡负的电压信号。

> 关于电压跟随器电路的故障检修，在找准输入、输出端的情况下，只有一条原则：输出电压不等于输入电压，即为故障状态（禁止负信号输出者例外）。

图 1-2-9（c）的电路，在输出端对地接入了 R3 "假负载" 电阻，意义在于：在器件输出端流入或流出的电流接近零或过小时，电压的波动成分将会增加，添加 R3 避免了电路空载时导致的输出电压波动。

可以这样理解：运放器件的输入侧、输出侧内部电路，满足正常工作的条件之一，即是必然形成一个最小偏置工作电流的通路，若此电流值为零或严重偏小，则会造成工作不稳定或无法工作的现象。电路或器件正常工作需要一个（哪怕是极微小的）偏置电流，犹如人上班前先要吃早餐的道理是一样的。可见，"虚断" 不能是 "真断"，输出端也不宜完全空载。

2.3.3.4　输入、输出端带钳位电路的电压跟随器

（1）共模输入、差模 / 差分输入的概念

共模输入指同相输入端、反相输入端对地的电压；差模 / 差分输入指同相输入端与反相输入端之间的电压。以 LF347 芯片为例，当供电电源电压为 ±18V 时，允许共模电压输入范围为 ±15V，允许差模电压输入范围为 ±30V。

> **注意 !!!**
>
> ① 永远不要孤立地看待某一个工作参数。上述允许输入共模、差模信号范围，是在供电电压 ±18V 的条件下成立的。如器件采用 ±5V 供电时，显然其允许输入共模、差模信号范围也将随之大范围收缩。
>
> ② 任何数据都在特定条件下才成立，有多组条件必有多组数据。有多组数据等于没有固定数据，把数据 "看死了" 就错了（条件一变结论就错了）。找到一定的规则比掌握所谓数据要划算多了：任意器件的输入信号电压大致应在其供电电源电压的范围内。如果针对具体电路，结合该电路前、后级的电路形式，可以近似推断 "更接近实际的"

输入信号电压的范围（其值远低于供电电压，参数表中给出的往往是最大范围，而非实际应用数值），做到故障检修时可以有"判断依据"。

（2）输入端带钳位保护电路的电压跟随器

不仅仅是运放电路，其实所有器件的输入电压，用一句话来说，是不应超过供电电源电压范围的。以运放的典型供电电压 ±15V 来讲，其差模输入电压（同相端和反相端之间的极限电压）为 −30 ～ +30V；共模输入电压（两输入端各自对地输入的极限电压）为 −20 ～ +20V 左右。

运放正常工作中因其"虚短"特性，两输入端电压约为 0V，钳位电路是不起作用的，或仅仅在瞬时起作用。保护 / 钳位电路起作用时，说明发生了异常输入！

图 1-2-10 中的（a）电路为差模信号输入钳位电路，将输入信号钳位于 VD1、VD2 的正向电压降之内（约为 ±0.5V）；图 1-2-10 中的（b）电路，为共模信号输入钳位电路，产生异常输入时，将输入信号最大幅值钳位于运放电路的供电范围附近（供电电压为 ±15V 时，芯片同相输入端电压值为 −15.5 ～ +15.5V）。

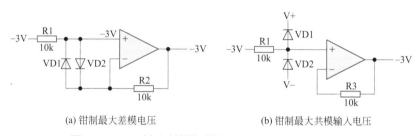

(a) 钳制最大差模电压　　　　(b) 钳制最大共模输入电压

图 1-2-10　输入端增加钳位保护电路的电压跟随器

注意 !!!

① 若前级电路不可能产生危险电压输入（如前级最大供电电压为 ±5V），则省掉输入端钳位电路也有道理可讲。换言之，在电路设计中输入端钳位电路的增设应为可选项，而非必选项。

② 还有其他形式的输入端钳位电路，如采用背对背式稳压二极管或 TVS 器件进行的电压钳位保护，因实际应用较少，兹不举例。

（3）输出端带钳位保护电路的电压跟随器

输入端钳位，是阻断异常危险电压的输入，保护本级电路的输入端免受冲击。而输出端钳位，其实是对后级输入侧电路的保护，避免本级电路输出状态异常时，导致后级电路输入侧的损坏。因而也可以将之视为后级电路的输入端钳位电路。当后级电路器件为

MCU 器件时，钳位电路的任务，是当电路产生异常输出时，将送至 MCU 输入端的信号电压钳位于 MCU 的供电电压值附近。

所谓钳位电路，是指图 1-2-11 中由钳位元件 VD1、VD2 或 ZD1 和限流电阻 R2 组合而成的电路，钳位动作时由 R2 产生限流降压作用。在前级电路 ±15V 供电条件下，后级电路的异常输入电压值可达 +15V 或 −15V，此时图（a）电路中，钳位电路可将输入至 MCU 器件 AIN 端的电压值钳位于 0 ～ 5V 左右（实测值约为 −0.5 ～ 5.5V）；图（b）电路，采用 5.1V 稳压二极管进行双向钳位，则可将输入至 MCU 器件 AIN 端的电压值钳位于 −0.5 ～ 5V 左右。前者的电路形式更为常见。

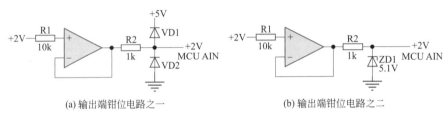

(a) 输出端钳位电路之一　　　　　　　　(b) 输出端钳位电路之二

图 1-2-11　输出端增加钳位电路的电压跟随器

输入端和输出端的电压钳位保护电路，或者说任何电路的保护电路，均指正常工作时形同虚设，异常时才产生保护动作，是"长期值勤偶然作为"的。如图 1-2-10、图 1-2-11 中的二极管、稳压二极管等元件，正常时均在"断态"——非工作态，若测之为"导通态"——发挥作用之时，正是故障发生之际。

钳位保护电路动作，是故障发生标志。

2.3.3.5　作为恒压源和恒流源电路的电压跟随器

学习电子电路原理是趣味盎然的一件事，如图 1-2-12 所示，同样结构的电路，将 OUT 端换一下位置，立马变成两种功能的电路。两种功能不同的电路，从结构上来看，其实又是同一个电路——仍然是电压跟随器电路。在输出端搭接一只 NPN 型晶体三极管，是为了扩流——提升电流驱动能力——而为，仍要注意，反馈信号取自何处，该点即为输出端。

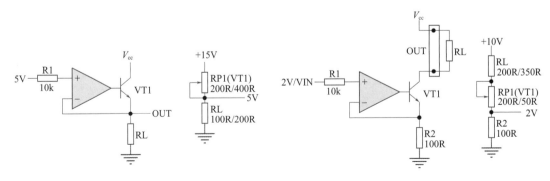

(a) 恒压输出电路和输出级等效电路　　　　　　(b) 恒流输出电路和输出级等效电路

图 1-2-12　恒压源和恒流源电路特性的电压跟随器

（1）恒压源电路

图 1-2-12 中的（a）电路，OUT 跟随输入电压而变化，当输入电压一定时，OUT 端对地输出电压即是恒定的，一定程度上和 RL 的大小无关，电路具有恒压源特性——满足负载电路的电流需求，而保持输出电压不变，即 VT1 工作于变阻调流状态，保障输出电压不变。

当 R_L=100Ω 时，VT1 的导通等效电阻 R_{P1} 为 200Ω，回路电流为 15V/300Ω=50mA；当 R_L=200Ω 时，VT1 的导通等效电阻 R_{P1} 按比例增大为 400Ω，回路电流为 15V/600Ω=25mA。VT1 自动工作于变阻调流的工作模式。

> 判断电路是否为恒压源电路的方法：①改变 RL 值时，虽然流过 RL 的电流在变化，而 OUT 端对地的电压保持不变；② RL 不能短路，否则会形成异常大的电流烧毁元器件。

（2）恒流源电路

图 1-2-12 中的（b）电路，流经 RL 的输出电流值约为输入电压 VIN/R2，并在一定程度上与所接 RL 的大小无关，电路具有恒流源特性——VT1 工作于变阻调压区，当 RL 变化引起回路电流变化时，RP1 总是往 RL 值变化的相反方向变化，并使两者的变化量相抵消，保持回路的电流值不变。图（b）电路是典型的 *V-I* 转换电路。

电路只要满足了 R2 的阻值不变，R2 的端电压不变，即能保障回路的恒流特性。RL 与 RP1 是互补关系，其总值为不变量，因而当 RL 产生多少减小量，RP1 即产生相应的增大量，使回路电流保持不变。

① 从回路电阻角度看：当 V_{CC}=10V、R_2=100Ω、R2 电压降为 2V（回路电流当然为 2V/100Ω=20mA）为已知条件和定量时，R_L+R_{P1} 也为定量（总阻值 =400Ω），电路的恒流特性才得以保障。

此时当 RL 阻值变小，RP1 随之相应变大，只要仍能保持 RL+RP1 的原阻值不变，电路即能维持恒流输出。晶体管 VT1 在运放电路控制下，工作于可变电阻区，自动维持 R_L+R_{P1} 的原阻值不变。

② 从串联回路分压角度看：当 RL 变小时，回路电流瞬时会呈现增大趋势，R2 两端电压随之有大于 2V 的趋势。此时在运放电路自动控制作用下，VT1 的导通等效电阻变大，RP1 两端分压量上升，使 R2 两端电压重新回到 2V 上，回路电流仍回到原值。

正如图 1-2-12（b）等效电阻串联电路所示，因 RP1 的自动变阻，实现了回路的自动变阻调压（保障 R2 两端的 2V 电压差不变，故能保障流经 R2 的电流值不变），维持了恒流输出。

判断电路是否为恒流源的方法：改变 RL 的大小，甚至短接 RL，输出回路的电流值能保持不变。换言之，恒流源电路的输出端不怕短路，故电路未接入 RL 时，可将万用表的电流挡直接跨接于 RL 两端的接点，实施电流检测，其电流值 =V_{IN}/R_2。若不符合即为故障。

说明一下，本章重点是对运放基础电路 / 电压跟随器电路的原理分析，在基础电路之上添加的元件和电路，如输入、输出端钳位电路等，并非电压跟随器电路的"专属电路"，同时也适用于其他电路。这里已经介绍过的此类（如二极管钳位等）电路，后续不再辟专文介绍。

2.3.4 实际电路举例

回过头来，我们再看一下电压跟随器电路的简单形式[图 1-2-13 的（a）电路]和"外观复杂"的电压跟随器电路形式[图 1-2-13 的（b）电路]，此为两个应用实例。

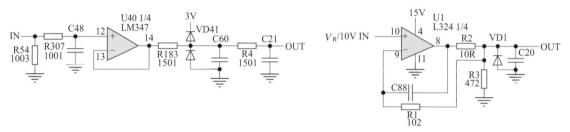

(a) 正弦SINE303型7.5kW变频器后级检测电路　　　(b) ABB-ACS550型22kW变频器10V基准电压源电路

图 1-2-13　电压跟随器的实例电路

图 1-2-13（a）电路，将运放器件的输出端与反相输入端直接用导线连接，构成"最简形式"的电压跟随器电路，输出信号电压经 R183、VD41 钳位后送入后级电路。R54 为"预接地电阻"，以避免输入端悬空，其作用请参阅后续第 3.3 节"专门适用于同相放大器的检修规则"。

图 1-2-13（b）电路中，则添加了 R1（误差补偿）、R2（输出限流保护）、R3（输出电压稳定）、C88（有关频率方面的处理）等元件，对电路进行了"细节刻画"。

> 作为检修人员要做到：①能确定电路为电压跟随器；②通过检测手段，落实电路的好坏。

2.3.5 电压跟随器电路的故障检修

2.3.5.1 电压跟随器电路的故障检修规则

① 三端电压相等：两个输入端及输出端电压，在任意时刻电压值应该相等，若不等，故障在此（或故障可从此处查起）。但请注意落实检测点，如器件输出端串联电阻的右端，见图 1-2-12 中（b）电路 R2 右端。

② 据"虚断"规则判断运放器件好坏。

③ 故障可能发生在器件外围或前级电路。

②③项请参见后续第 3.6 节"同相放大器故障检修实例"。

2.3.5.2 电压跟随器电路检修实例

请读者朋友参阅本书第 3 篇第 1 章、第 2 章中的相关内容。

第 3 章

同相放大器原理与故障检修

3.1 同相放大器工作原理简述

如果将输出电压按一定比例衰减，即在器件反相输入端和地之间"搭建"一个针对输出电压的串联电阻分压电路，在电压跟随器的基础上，在反相输入端串联一只对地电阻，使反相输入端对地有了电流回路以后，将输出电压按比例衰减后再馈入反相输入端，电路则具有了电压放大作用。因信号是从同相输入端输入，称为同相 / 同向放大器。

为了便于说明原理，以图 1-3-1 中的（a）电路（仍将输出级搬于外部的新符号电路）为例。

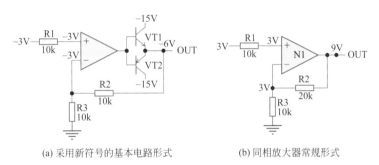

(a) 采用新符号的基本电路形式   (b) 同相放大器常规形式

图 1-3-1 同相放大器

将输出电压经 R2、R3 分压衰减后，再送入反相输入端，即构成同相放大器电路。当同相输入端输入 −3V 电压信号时，器件内部输出级 VT2 导通，使输出电压往 −15V 靠近，由 R2、R3 电阻值可知，当输出端电压值为 −6V 时，放大器的反相输入端，即 R2、R3 分压点变为 −3V，两输入端电压相等，电路进入平衡状态。改变 R2、R3 的阻值比例，可灵活改变电路的电压放大倍数，电压放大倍数 =1+（R2/R3）。电路中 R1 为输入电阻，其值大小不影响放大倍数，电路的电压放大倍数由 R2 和 R3 构成的串联分压电路所决定。

电路中，R2、R3 为反相输入端引入了负反馈，并使电路形成闭环控制模式。若以一个闭环系统的角度来看：同相输入端输入的信号电压为目标值，反相端分压信号为反馈值，电路的平衡状态和控制目标，是使反馈值等于目标值。R2、R3 串联分压电路的任务，根据输入端的信号电压变化趋势，在运放器件配合下（其输出级 VT1、VT2 工作于可变电阻区，进行随机性的电压调整），使反相输入端串联电路的分压值等于同相输入端的信号电压值，完成使两输入端"虚短"的使命。

偏置电路中，电阻串联分压电路唱主角！运放器件仅仅是个配角，尽职尽力地自动配合分压电路，完成其分压意愿，使反相输入端电压等同于输入信号电压。

为照顾读者识图习惯，同时给出图 1-3-1 中的（b）电路（常规绘图形式），串联分压电路连接于输出端与地之间，R3 两端即为输入电压值，R2、R3 的串联总压降即为输出电压。仍可用电阻比例等于电压比例的方法来估算输出电压，如 R3 的压降为 3V，R2 阻值是 R3 的 2 倍，则 R2 的电压降为 6V，输出电压 =3V+6V，即 9V。电压放大倍数 =1+（R2/R3）的公式倒不一定用上。

可以看出，只要 R2 > 0Ω，电路的电压放大倍数即会大于 1。当 R2 为导线时，电路变身为电压跟随器电路。显然，同相放大器电路只能对输入信号进行同相放大（极端情况下变身为电压跟随器），而不能对输入信号起到衰减作用。

3.2　同相放大器故障检修要点

运放电路的故障判断，仍然是基于原理分析的"虚短"和"虚断"规则。若符合规则暂且放过，不符合，则故障在此（或故障从此处查起）。

3.2.1　"虚断"规则不成立，器件（芯片）坏

"虚断"规则：运放器件的输入端，既不流入电流也不流出电流。反之，则可判断器件已坏。

图 1-3-2（a）电路，若输入电阻 R1 左端电压值高于右端电压，说明同相输入端"往里流入电流"；若 R1 左端电压低于右端电压，则说明同相输入端"往外流出电流"。换言之，只要 R1 两端有了电压降，即说明运放器件输入端的"虚断"规则不成立，故障根源直接指向 N1 芯片坏掉。

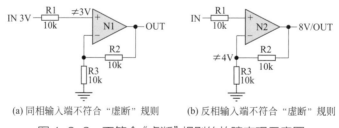

(a) 同相输入端不符合"虚断"规则　　(b) 反相输入端不符合"虚断"规则

图 1-3-2　不符合"虚断"规则的故障表现示意图

问：R1 电阻值变大后是否使电压降增大？

答：设运放的输入电流为纳安级，则 R1 增大 10 倍至 100 倍，仍不会对信号电压造成明显的衰减，其细微影响甚至不能为测试仪表所觉察。

问：R1 两端具体多少电压降算正常范围？ 0.001V 算正常还是异常？

答：0.001V 就是 0V ！ 小数点后第 2 位通常已经不需要管。

问：R1 如果断路了呢？

答：R1 断路当然会导致明显的电压降出现。输入端处于真正的零电流输入状态，故障概率虽然较低，但不排除此种情况出现，如 R1 断掉或 R1 虚焊造成的故障表现。

图 1-3-2（b）电路，只要测量 R2、R3 分压点电压值不再符合串联分压规则，排除电阻变值原因后，则说明反相输入端产生了电流流入或流出的现象，运放器件已经坏掉。

换言之，串联分压电路是自给自足自恰的，不喜欢外来干涉。运放器件也应该老实本分，一旦运放器件的输入端干涉 / 参与 / 影响了分压值，故障指向 N2 芯片坏掉。

结论：反相输入端的分压只能由 R2、R3 说了算，如果 R2、R3 已无权决定分压值，说明芯片已坏。

3.2.2 "虚短" 规则不成立，故障从此处查起

闭环成立并处于线性工作区的唯一正常表现，即两输入端电压差为 0V——"虚短"。检测到"虚短"规则被破坏，说明已"触及雷区"，再由进一步的检修，挖出"埋设之雷"，判断故障出在运放器件、外围偏置电路或前、后级电路。

参见本书第 3 篇第 6 章"先两端后中间与扫雷法及其他"中详尽述及的"扫雷法"，即通过首先检测运放两输入端是否符合"虚短"规则，判断是否"触雷"，往往使检修工效得到可观提升。

① 当发现某级放大器"虚短"规则不成立时，可退而求其次——暂时按电压比较器规则进行检测。若电路符合电压比较器规则，即 IN+ > IN-=1 或 IN- > IN+=0。如图 1-3-3 中 (b) 电路所示，则说明 N1 芯片是好的，故障出在外围偏置电路，进而分析得出结论，R2 反馈电阻发生开路故障，使电路由闭环变为开环，放大器变身为比较器。

② 若电路连比较器的原则也不再符合，如图 1-3-3 中的 (c) 电路所示，输入、

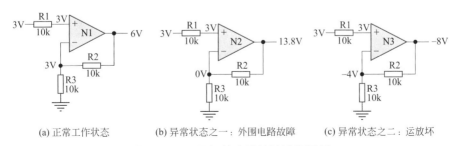

(a) 正常工作状态　　　(b) 异常状态之一：外围电路故障　　　(c) 异常状态之二：运放坏

图 1-3-3　同相放大器故障诊断示例

输出电平的表现连比较器的逻辑关系也不成立（电路完全不讲道理），则与外围电路不相干，可以直接判断是运放芯片 N3 坏掉。

3.2.3　运放器件既符合比较器规则，偏置电路又符合分压规则，但电路状态显然不对，故障何在？

如图 1-3-4 电路所示，检测发现：

① 两输入端有明显电压差，"虚短"规则已经不成立，但 N1 仍然符合比较器规则，初步判断 N1 没有问题；

② R2、R3 串联分压正常，N1 外围偏置电路也无问题。

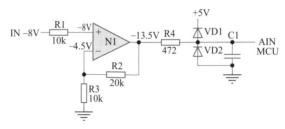

图 1-3-4　表现异常但无故障示意图

请注意运放在 ±15V 供电电压下，其极限输出电压值当然是稍低于供电电压（具体电压值与芯片型号有关），如最低输出为 –13.5V，最高电压输出为 +14.2V，不同型号的器件也有较大的离散性。

芯片符合比较器规则，偏置电路又符合分压规则，故障根源何在呢？

放大器输入信号电压范围和输出信号电压值的预判：

我们先来解决一个问题，即放大器的输入信号电压范围和输出信号电压值，是否必然有一个合理区间？——无论谁来设计电路，都一定会这么干的。可否预判电路静态或动态时的各点电压值呢？

图 1-3-4 电路中，设计电压放大倍数为 3 倍，为避开非线性工作区，从输入侧电路来看，可以预判其输入信号电压的正常范围约在 0 ~ ±4V。

但输出信号是送至 MCU 器件的 AIN 端口的，MCU 器件为 +5V 单电源供电，据 MCU 器件对输入信号的要求，电路若传输交变信号，为保障有较好的动态范围，N1 输出端的静态直流工作点当以 2.5V 为宜。由此推断 N1 芯片的静态输入电压应为（2.5V/3），即 +0.8V 左右，其输出端动态范围若按 +0.5 ~ +4.5V 计，输入信号电压范围则应为（0.5 ~ 4.5）V/3，即在 0.2 ~ 1.5V 左右。

若传输直流信号，其 N1 输出端静态电压值为 0V 也可，由此推断 N1 的静态输入电压也应为 0V。

再回头看图 1-3-4 中 N1 芯片的输入电压测量值为 -8V，说明以下问题：

① 首先，后级电路的 MCU 芯片为单电源供电器件，不应该接收负的输入信号。

② 其次，N1 芯片输入信号电压值合理区间，应为 0V 或 +0.2 ～ +1.5V 左右。

〈　故障结论

前级电路故障，产生了非法输入——信号幅值和极性超出本级放大器的处理能力。故障指向前级电路——前级电路因故障产生了错误的输出！排除掉本级电路的"作案嫌疑"。

3.2.4　不易觉察的故障现象："虚短"质量变差，输出值稍微偏低

〈　故障现象

如图 1-3-5 所示：

① 两输入端电压差虽不为 0V，但非常接近，以至于可能为检修者所忽略。

② 输出电压设计值为 9V，现实测为 8.7V，稍低于正常值。

该故障的特殊之处在于：

① 易为粗心的检修者所忽略，不再列为故障电路进行检修。

② 对于要求工作精度不高的电路，可能也不会产生相应的故障动作，故有可能无法列入故障检修之列。

③ 电路静态时表现正常（因电压误差较小），但动态时（尤其在较大的信号电压状态），其输出误差不能被容忍，设备才发生故障动作。

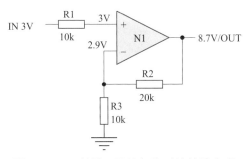

图 1-3-5　芯片 / 器件老化时的故障表现

〈　分析如下

① R1 两端无明显电压降，R3、R2 分压值正常，外围电路尽职尽责。

② N1 芯片已经老化、衰变，虽然"在卖命工作中，但力不从心"，导致输出电压值偏低。

③ 代换新的运放芯片，即为修复手段。

以上诊断方法和思路，适用于任何由集成运算放大器构成的模拟电路的故障判断和检修，但针对同相放大器的自身特点，还应追加两条专门的检修规则。

3.3　专门适用于同相放大器的检修规则

3.3.1　反相输入端接地端电阻开路，同相放大器变身为电压跟随器

如图 1-3-6 所示，正常工作时，OUT = 2IN。当 R3 断路时，偏置电路失掉分压作用，故使 OUT = IN，同相放大器变身为电压跟随器。

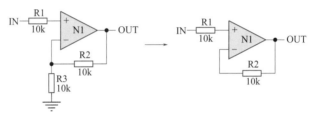

图 1-3-6　反相输入端接地电阻开路时同相放大器变身为电压跟随器

3.3.2　同相输入端悬空时，测试输入或输出电压表现异常

如图 1-3-7 中的（a）电路所示，当 IN 输入端悬空或 R1 断路时，电路状态表现及检测过程均有奇怪现象。

（1）a 点电压测试

测量表笔的搭入，相当于在 a 点接入了接地电阻，故 a 点电压为 0V。此时，若同时监测反相输入端和输出端，当然也为 0V 的正常状态。

（2）进行反相输入端和输出端的测试

两点的电压是一个不断变化着的负电压值，若有耐心等下去，直至输出端变为负的最大值如 −13.8V，反相输入端电压为输出端的 1/2。

（3）下手直接测输出端电压

显示 −13.8V 最大值，故障现象为电路处于开环状态。

如果以（1）（2）的步骤进行测试，则每次测试动作都发生了使同相输入端接地后电路状态回到正常，同相输入端悬空后，输出端往最大的负电压值变化至稳定的过程。

常规测试，往往采用输入、输出端逐一单点测试的模式，故检测结果其实是"假数据"：电路不符合电压比较器规则，N2 芯片坏掉！假如同步监控 a 点和输出端，则会得到正确结果：其实 N2 和 R2、R3 偏置电路都是好的。

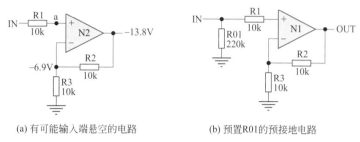

(a) 有可能输入端悬空的电路　　　(b) 预置R01的预接地电路

图 1-3-7　同相放大器输入端异常及预置接地电阻示意图

检测者若不明就里，对检测结果一头雾水，不知所以，必然也得出 N2 芯片坏掉的结论。

显然，放大器正常工作中虽然两输入端都表现为"虚断"特性，但应有极微弱的偏置电流存在（并非真的断开）。换言之，运放器件的正常工作，恰恰是需要有一个极微弱偏置电流回路，来建立静态工作点并保障基本工作条件！

当输入端悬空或 R1 断路时，"虚断"成了"真断"，N1 芯片因同相输入端的偏置工作电流为 0，其输入端内部电路已经处于"失常"状态，故导致输出状态失常。

其实，有些电子电路设计者已经考虑了这个问题，故在同相放大器的输入端"预置"了"预接地"电阻 R01（为了对输入信号不致形成较大衰减，通常取值百千欧级），以便本级电路与前级电路脱离时，由 R01 仍然形成同相输入端的接地回路，从而避免了输入端悬空形成异常输出电压值。如图 1-3-7 中的（b）电路所示。

本例现象：当 R1 断路，或当本级电路与前级电路脱离（在实际检修中会经常碰到这种情况，有时两块线路板之间的连接电缆脱开）时，都会造成同相放大器输入端的悬空现象。从而导致：

① 电路输出状态异常，造成错误的故障动作和报警信号。

② 检测者的粗疏，造成故障误判：把正常电路当成了运放芯片坏掉的故障电路来处理。

总结：电路断点 / 悬空点的电压并非为 0V，这是一块理论分析中尚未涉及的区域，是纸上谈兵的盲区，故设计人员的相关疏漏（未顾及"接地电阻"的预设）在所难免。而检修人员也需要拓展知识面，减少故障误判发生的概率。

"电路悬空点——断点——的电压并非为 0V"，此也是实践大于理论的良好诠释和具体例证。其他电路类似的异常表现，请参阅本书第 3 篇第 7.2.3 节"故障检修步骤和注意问题"的内容。

3.4　同相放大器 / 电压跟随器的电路实例

下面给出两个具有代表性变频器输出电流检测电路的实例，电流传感器后续电路的第一级，图 1-3-8（a）电路即为同相放大器电路；图 1-3-8（b）电路为电压跟随器电路。从直流角度看，图 1-3-8 中的（a）(b) 电路，运放输出端动、静态皆为 0V，为电路正常标志。检修的目标，也即是令运放输出端变为 0V 为止。

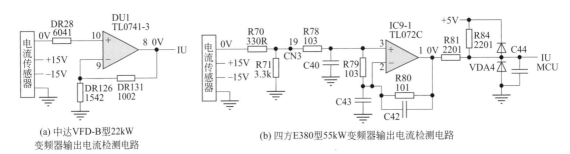

(a) 中达VFD-B型22kW
变频器输出电流检测电路

(b) 四方E380型55kW变频器输出电流检测电路

图 1-3-8　两例变频器输出电流检测电路

检测者经常采用的一个检修办法是：当上电即产生 OC 或 OL（短路和过载的故障代码）报警时，将电流传感器与后续检测电路相脱离，若报警信号消失恢复正常，则判断电流传感器坏，否则为后续运放电路坏。应该说，此办法于大部分场合是有效的，如图 1-3-8 中的（b）电路（IC9-1 为电压跟随器电路），因预置了接地电阻 R71，故传感器的脱离电路，不会使 IC9-1 形成错误的信号输出。

事情总有例外，若具体到图 1-3-8 中的（a）电路，不论电流传感器的好坏与否，脱开传感器的做法，反而是"制造"了一个故障报警信号——令 DU1 和偏置电路构成的同相放大器输入端悬空，输出端变为负的最大值，实测为 -13.8V，由此引起后级电路产生错误的短路报警信号。

欲脱离电流传感器进行电路检测，须采取将放大器 DU1 同相输入端预接地的方法。应将电流传感器的信号输出端与地暂时短接后再脱开电流传感器，此时检测 DU1 的工作状态，就妥当了。

其实在线检测过程中，检测电流传感器输出端电压为 0V，DU1 输出端不为 0V，已经判定故障出在 DU1 本级放大器；若电流传感器输出端电压不为 0V，则可判断电流传感器已经损坏。

此处尚存在一个问题：测电流传感器输出端不为 0V，此故障电压足以说明电流传感器坏掉吗？若 DU1 损坏，如同相输入端与供电端产生漏电故障，是否会影响电流传感器的输出电压不为 0V 呢？这个问题影响判断故障的准确度，需解决之。根据前文的知识储备，让我们搭接一个电压跟随器和同相放大器的前、后级电路，分析放大器 N2 损坏时会不会影响 N1 的输出电压值。

如图 1-3-9 所示，图中 N1、N2 电路的输入、输出各点都为 0V，是电路正常的工作状态。图中的（b）电路，当 N2 损坏，造成 N2 输入端 10 脚向 N1 输出端 7 脚的电流流动，

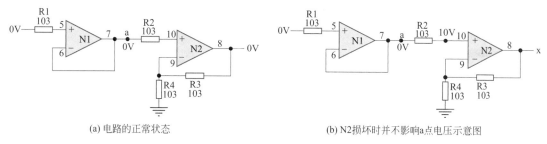

(a) 电路的正常状态　　　　　　　　　　　(b) N2损坏时并不影响a点电压示意图

图 1-3-9　电压跟随器和同相放大器的前、后级电路

R2 两端出现电压降。此时：

① N2 输入电阻两端出现明显电压降，10 脚有电流往外流出，"虚断"规则被破坏，可以判断 N2 芯片损坏。

② 对 N1 是否正常的判断规则是"三端电压相等"都为 0V。换言之，只要 N1 芯片是好的，无论 N2 的 10 脚是什么电压状态，N1 的输出端 7 脚都会恪尽职守保持 0V 输出状态，即 a 点保持 0V 不变，故障电压只能降在 R2 两端。

由此，测试 a 点电压值，即能确定故障根源在后级或本级。

3.5　同相加法器电路

在同相输入端送入 2 路或 2 路以上的多路输入信号，将多路信号进行"相加运算"后，将信号之"和"输出，谓之同相加法器。将此电路归入同相放大器一章的理由是：同相加法器的电路架构是基于同相放大器电路的，信号都由同相输入端输入，反相输入端有接地分压回路，反相输入端的偏置（电路串联分压）电路决定电压放大倍数。同相放大器的故障判断方法同样适用于加法器电路，仅是原理分析上稍有不同。

3.5.1　同相加法器原理解析

如图 1-3-10 中的（a）电路所示，当 R1=R2，R3=R4 时，其输出电压为 IN1+IN2，即构成加法器电路。若 R3 > R4，则构成加法放大器电路。

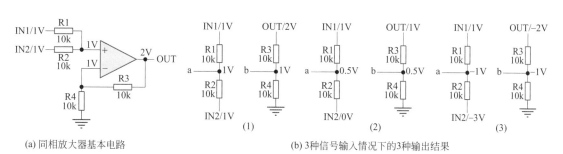

(a) 同相放大器基本电路　　　　　　　　(b) 3种信号输入情况下的3种输出结果

图 1-3-10　同相加法器和原理等效图

同相加法器原理分析的要点（以两路输入信号的加法器为例）：

① 将两信号输入电路 R1、R2 看成一路串联分压电路（简称信号回路），其分压点为同相输入端的电压值，作为比较基准，或称之为"影射值"。

② 将反相输入端的反馈偏置电阻作为另一串联分压电路（简称反馈回路），由"虚短"特性可知，R3、R4 的分压值必然跟踪于"影射值"，并使之相等，由此需要输出级即时做出调整，输出级的调整动作导致了运算结果的输出。

因反馈回路的分压值会随时跟踪信号回路的分压值，输出级做出调整配合，试图使两分压值相等，由此两个看似独立的串联分压电路产生了"关联"：如图 1-3-10 中（b）电路所示，b 点电压跟踪于 a 点电压，并保持两者的相等，前者分压值是后者的"影射"结果。

分析过程：

① 由 R1、R2 回路得知"影射值"或基准，a 点电压已知。

② 由 b 点电压 =a 点电压，b 点电压已知；由 R3、R4 电阻比例可推知 OUT（输出电压值），详见图 1-3-10 中（b）电路 3 种输入信号状态下的输出结果。

图 1-3-10 中（b）电路中的（1）电路：

当 IN1+IN2 之和等于 1V（分压电路处于"零压降"状态）时，R1、R2 分压点为 1V，由 R1、R2 与 R3、R4 两分压支路的影射作用可知，b 点电压为 1V，OUT 输出端为 2V。

图 1-3-10 中（b）电路中的（2）电路：

IN1=1V，IN2=0V 时，a 点电压 =b 点电压 =0.5V，OUT 输出端输出电压为 1V。

图 1-3-10 中（b）电路中的（3）电路：

当输入信号电压为 +1V 和 −3V（其和为 4V）时，OUT 输出端电压为 4V。

如图 1-3-10（b）中（1）～（3）例，电路忠实地完成了将输入信号进行相加，输出信号电压之和的任务。

3.5.2　同相加法器检测要点

以图 1-3-10 中的（a）电路为例。

① 信号输入端。输入电阻 R1、R2 的左端为信号输入端，与同相放大器（可将器件输入端视为信号输入端）有所不同。故检测输入电压应落笔于 R1、R2 的左端。

② 两输入端应呈现"虚短"状态，输出应为多路输入电压值之和。

3.6　同相放大器故障检修实例

请读者朋友阅读本书第 3 篇第 7.2 节"输出电流检测电路实例 1"等相关章节的内容。

第 4 章
反相放大器原理与故障检修

4.1 反相放大器的电路结构

如果同相输入端接地或经补偿电阻接地，输入信号由反相输入端输入，反相输入端和输出端之间接有反馈电阻元件，电路是工作于闭环状态的。其输入、输出电压信号的变化趋势是相反的，即构成反相放大器电路。如图 1-4-1 所示，图（a）电路仍然采用新符号绘图，以便观察信号电流流向。而图（b）、图（c）则采用原符号表示，是为了图形简洁（有时也是为了读者的读图习惯）。

对于反相放大器，将同相输入端串联电阻接地，或省略电阻直接将同相输入端接地的两种不同接地方式，若以"虚断"规则来看，二者效果是一样的。同相输入端的接入电阻和电压跟随器在反相输入端和输出端串联电阻的作用是一样的，都是为了保障运算精度。

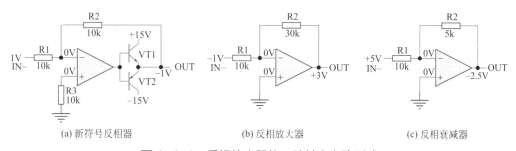

(a) 新符号反相器　　　　　　　(b) 反相放大器　　　　　　　(c) 反相衰减器

图 1-4-1　反相放大器的三种基本电路形式

4.2 反相放大器原理简析

反相放大器，系同相输入端接地（或经偏置 / 补偿电阻接地），输入信号从反相输入端引入的电路结构。

因其同相输入端接地，放大器的最后控制目的，是在放大区域内，当输入信号变化时，在输出级动态调整下，总是使反相输入端变为 0V 地电平。电路正常工作中，测其两输入端对地都为地电平 0V，故称此种状态为"虚地"。其实"虚地"是把"虚短"换了一种说法而已。

反相放大器工作原理是典型杠杆原理的应用：反相输入端相当于杠杆的支点（此 0V 是固定不变的），而输入、输出端则成为杠杆的两端。只有固定支点，输入端的变化才会导致输出动作。其实任何电路乃至任何事物都有此规律：有可变量，必有一个相对的不变量。失于一端则两不成立。只有观察到反相输入端的 0V（基准）是不变的，才可由此生发出输入信号控制输出变化的妙用。

图 1-4-1 中，R1 为输入电阻，R2 为反馈电阻，电路的电压放大倍数 =R2/R1。

就此，可得出反相放大器正常工作状态的根本特征：

① 两个输入端对地均为 0V。此为"虚地"或"虚短"规则。

② 输入、输出信号电压呈反向变化趋势，输出量大小取决于 R1、R2 的比例关系。

首先要确定：图 1-4-1 电路中，何点是信号输入端？

因反相放大器的"虚地"特性，运放器件本身的两个输入端为 0V 地电平，并不随输入信号电压变化而变化（或仅为极快的瞬态变化，测量中不能捕捉）。显然，输入电阻 R1 左端才是信号输入端，故 R2/R1=−OUT/IN−。

或可这样认为：图 1-4-1 电路中，因为 R1、R2 的串联中点为 0V 地电压，所以 R1 两端即为输入电压，R2 两端则为反向的输出电压。只要满足电阻比例等于电压比例，即 R1、R2 恰好分压为 0V，则说明电路的工作状态是正常的。

4.3　反相放大器分析方法

由输入电阻和反馈电阻的比例不同，反相放大器又可衍生为三种类型的电路。即：

① 反相器。反馈电阻和输入电阻的比例关系为：R2=R1。如图 1-4-1 中的（a）电路所示，对输入信号电压起到反向（反相）或倒相作用，如输入 +1V，则变为 −1V 输出。

② 反相放大器。反馈电阻和输入电阻的比例关系为：R2 > R1。如图 1-4-1 中的（b）电路所示，对输入信号电压起到既反向又放大的作用，本电路为放大倍数 3 倍的反相放大器，若输入 −1V，则输出 +3V。

③ 反相衰减器。反馈电阻和输入电阻的比例关系为：R2 < R1。如图 1-4-1 中的（c）电路所示，对输入信号电压起到既反向又衰减的作用，本电路的电压衰减系数为 0.5。若输入 +5V，则输出为 −2.5V。

以上三种电路均有普遍应用。因电阻取值不同而为三，电路结构实则为一。

分析其电路原理的出发点，仍为电阻串联分压唱主角，运放器件为配角。或从输入电流角度进行分析亦可。如图 1-4-2 所示，将其偏置电路单独画出，更能说明问题。

（1）从串联分压角度进行分析

图 1-4-2（a）电路，R1、R2 组成串联分压电路，信号电流从输入端流向输出端。因 R1=R2，故 R1、R2 的端电压相等。又知分压点为 0V，故可推知 OUT 端必然为 −1V。

此处可能还会有人提问：输出端的 −1V 是怎么变出来的？

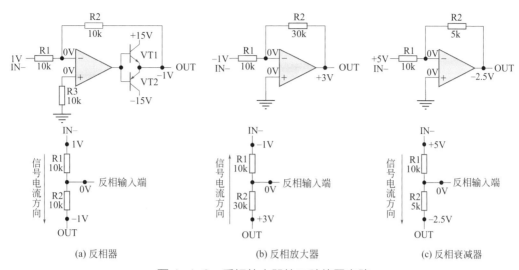

(a) 反相器　　　　　　　(b) 反相放大器　　　　　　(c) 反相衰减器

图 1-4-2　反相放大器的三种偏置电路

答：将反相器电路中的 VT1 开路，VT2 等效可变电阻 RP，看等效电路即一目了然，顺便可知 VT2 究竟导通到什么程度。看图 1-4-3 说话。

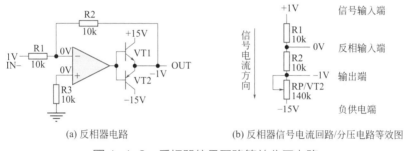

(a) 反相器电路　　　　　　(b) 反相器信号电流回路/分压电路等效图

图 1-4-3　反相器信号回路等效分压电路

为使反相输入端分压等于 0V，并已知 R2 的电压降为 1V，当可推知 RP 两端电压降为 -14V，RP 此时的调整阻值恰好自动等于 140kΩ。

（2）由回路电流角度进行分析

因流入 R1 的信号电流为 1V/10kΩ=+0.1mA，须令流经 R2 的电流为 -0.1mA（电流极性对地而言），才能使其分压点为 0V。运放电路的任务，就是自动控制 R2 两端电压（或控制 R2 中流经与 R1 等量的反向电流），使其反相输入端变为 0V（反相放大器的控制目标）而已。

由此推知，对于图 1-4-2 中的（b）电路：当 R2 > R1 时，为得出流经 R2 电流仍为 R1 等量的反向电流，而 OUT 端必然要调整输出为 -3V；对于图 4-2 中的（c）电路：当 R2 < R1 时，为得出流经 R2 电流仍为 R1 等量的反向电流，而 OUT 端必然要调整输出为 -2.5V。

整个运放电路，说穿了，就是玩转电阻串联分压的一个游戏而已。只要掌握了电阻串联分压电路的分析能力，也就是找到了开启运放原理之门的钥匙。

4.4 加法器 / 反相求和电路

将加法器 / 反相求和电路，并入反相放大器电路一章的考虑是：反相求和电路的电路基本架构仍然是反相放大器模式，只是变一路输入为多路混合输入而已，其工作原理及检测方法可以归结至一类。

反相加法器又称为反相求和电路，是指 2 路或 2 路以上输入信号进入反相输入端，输出结果为多路信号相加之绝对值（但电压极性相反）。因为电路的"虚地"特性，所有输入信号电压均是"对地说话"，信号相互之间互不影响，为设计计算和检测估算带来方便。

4.4.1 计算简易的反相求和电路

如图 1-4-4 中的（a）电路所示，当 R1=R2=R3=R4 时，其输出电压等于 IN1+IN2+IN3 之和的绝对值（但极性相反），即构成反相加法器电路。当 R4 ＞ R1 时，电路兼有信号放大作用。

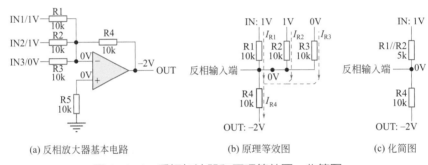

(a) 反相放大器基本电路   (b) 原理等效图   (c) 化简图

图 1-4-4 反相加法器和原理等效图、化简图

反相加法器的基本电路结构为反相放大器，由其"虚地"特性可知，两输入端均为 0V 地电位。以图 1-4-4 中（a）电路参数和输入信号值为例进行分析，则可得出如图 1-4-4 中（b）电路所示的等效图。反相加法器的偏置电路总体上仍为串联分压的电路形式，但输入回路中又涉及了电阻并联分流的电路原理，可列等式：$I_{R4}=I_{R1}+I_{R2}+I_{R3}$。

由于反相输入端为地电位 0V，因而当输入信号 IN3 为 0V 时该支路无信号电流产生，相当于没有信号输入，由此变为 IN1+IN2=−OUT。当 I_{R1}（1V/10kΩ）=0.1mA，I_{R2}（1V/10kΩ）=0.1mA，此时只有当 OUT 输出电压为 −2V 时，才满足 $I_{R4}=I_{R1}+I_{R2}$ 的条件（即流过反馈电阻 R4 的电流为 −0.2mA）。

若将原理等效图进一步化简［见图 1-4-4 中的（c）电路］——已经"化身"为反相衰减器电路，此时按电阻串联分压的分析思路来估算输出电压值，就更为方便了。

4.4.2 计算稍为烦琐的反相求和电路

当输入电阻 R1 ≠ R2 ≠ R3 时，可独立计算每路的输入、输出值，再汇总得出结果。如图 1-4-5 所示。

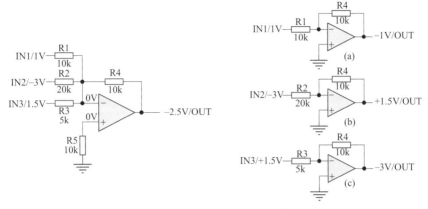

图 1-4-5　各路输入电阻值不等时的等效分析电路

图（a）电路：IN1 端的 1V 输入，得到反相输出的 −1V 结果。图（b）电路：IN2 输入 −3V，得到衰减 50% 反相输出的 +1.5V。图（c）电路：IN3 输入 +1.5V，得到 2 倍反相放大的 −3V 输出电压。即将 3 路输入等效为独立的 3 个反相放大器电路，分别计算输出结果，再对输出结果累加得到输出值。因而可知输出结果为 −2.5V。

4.5　反相放大器的故障检修规则

在第 3 章"同相放大器原理与故障诊断"中，已经论述了运放电路的故障诊断方法，并说明了其方法适用于任何运放电路，要点是据"虚断"和"虚短"原则判断电路好坏。此处据反相放大器的"虚地"特点，略作延伸。

（1）反相放大器的正常工作状态

① 两个输入端对地均为 0V。

② 输入、输出信号电压呈反向变化趋势，大小取决于 R1、R2 的比例关系。

不为此，即是故障状态。

（2）检修同相放大器的原则仍然适用于反相放大器

①"虚地"原则不符合后，先按比较器原则检测，若符合，运放器件好，外围元件故障。

② 不符合比较器原则，则运放器件坏。

（3）故障分析方法举例

如图 1-4-6 所示：

（a）电路，是电压放大倍数为 2 倍的反相放大器。图中标记各点电压为正常状态。

（b）电路，图中"x"标记的意义是：①可能是不确定电压；②不必管它是什么电压，具体值已无意义。当同相输入端接地电阻 R3 出现电压降时，"虚断"原则不成立，此时无论反相输入端和输出端是何种状态，都表明 N2 芯片已坏。

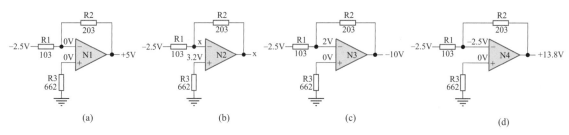

图 1-4-6　反相放大器正常和故障电路例图

（c）电路，反馈偏置电路 R1、R2 的分压值在逻辑上已经不成立，无论其变值与否，都说明 N3 已经参与或干涉了分压（串联电路两端的负电压不可能分出正电压来，这在逻辑上已经说不通了），说明 N3 芯片已坏。

（b）（c）两例，都是从输入端违反"虚断"原则，来确认芯片已经坏掉的故障。

（d）电路，虽然工作状态不对，但芯片 N4 符合电压比较器规则，故判断故障出在反馈偏置电路上，确认为 R2 开路性损坏。

4.6　实际应用电路举例

反相放大器的实际应用举不胜举，在此略举两例，也能起到见微知著的作用。

实质上，图 1-4-7 所列举的电路实例，其放大倍数接近 1，说是反相器电路更适宜。同相输入端的电路形式有直接接地者和经电阻接地者。输出电压信号若直接送入 MCU 芯片，如图 1-4-7 中的（b）电路所示，输出端还增设有电压钳位电路，以保障后级电路输入口的安全。

利用"虚短"规则发现故障所在，利用"虚断"规则可快速判断运放芯片的好坏。

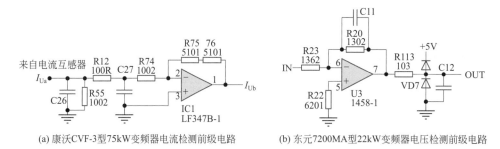

(a) 康沃CVF-3型75kW变频器电流检测前级电路　　　(b) 东元7200MA型22kW变频器电压检测前级电路

图 1-4-7　反相放大器电路例图

4.7　反相放大器电路故障检修实例

请参见本书第 3 篇第 6、7 章的故障检修实例。

第5章

差分（减法器）电路原理与故障检修

差分放大（衰减）器，亦名减法器，亦名差动电路：两路输入信号有了差别，输出就会变动起来；两输入信号相等，则输出会保持"原地不动"。差分放大器，据输入、输出方式的不同，可分为双端输入、双端输出，双端输入、单端输出，单端输入、双端输出，单端输入、单端输出等多种电路形式。常见电路形式为双端输入、单端输出的电路结构：两路输入信号，分别从反相输入端和同相输入端同时输入，输出值为两信号之差。差分放大器的电路优点：放大差模信号，抑制共模信号，在抗干扰性能上有"过人之处"，这与其电路结构是分不开的。

关于共模、差模的概念前文已述（参见第 2 章中第 2.3.3.4 节中"共模输入、差模 / 差分输入的概念"部分），此处略。

5.1　差分放大（衰减）器基本电路形式和工作原理

任何运放器件从输入级电路结构上讲，说到底都为差分输入模式，只不过据信号输入同相端还是反相端，从而形成同相、反相放大器之别。图 1-5-1 中的（a）电路，是由

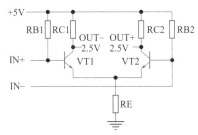

(a) 基本(等效)电路形式之一

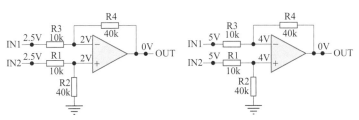

(b) 双端输入、单端输出差分放大器抑制共模信号效果图示二例

图 1-5-1　差分放大器的基本电路形式

两只晶体管构成的双端输入、双端输出的电路形式之一，也可以等效运放电路的内部输入级电路。

5.1.1　差分放大器基本（等效）电路原理简述

① 对单电源供电的放大器电路，其输出端（即 VT1、VT2 的 c 极）静态工作电压为 $0.5V_{cc}$ 最为适宜，能保障其最大动态输出范围。只要 RC1、RB1 等偏置元件取值合适，就可使 VT1、VT2 集电极的静态电压为 2.5V，即静态差分输出电压为 2.5V−2.5V = 0V。

由电路结构可知，IN+ 输入端与 OUT− 为反向关系，与 OUT+ 是同向关系，输入、输出端的命名是根据二者电压变化趋势所定的。当 IN− 保持原值，IN+ 信号电压往正的方向变化时，VT1 的 I_c 上升，OUT− 端电压下降；VT1 的 I_c 产生多少增量，因 RE 产生的电流反馈作用，必然使 VT2 的 I_c 产生同样的减量，OUT+ 端电压上升。

② 电路设计尽可能使 VT1、VT2 的静态工作参数一致，二者构成"镜像"电路，RE 为电流负反馈电阻，其直流电阻小，动态电阻极大（流过的电流近乎恒定，这是由 VT1、VT2 的互补特性来决定的）。

③ 当 IN+=IN− 时，也即 OUT+=OUT−，无差分信号输出；或者二者 IN+、IN− 信号电压同方向、同幅度升降时，OUT+、OUT− 端电压也在同步升降，且升、降幅度相等，其差分输出值仍会为 0V（或输出仍能保持原有的输入信号之差）。这说明电路对共模输入信号不予理会，具备优良的抗干扰性能。

电路的此种特性在实际应用中意义巨大。典型电气工程事例如 PLC 端子的小信号线束与电机电缆平行布设时，电机运行后，电机电缆周围的强磁场变化使小信号线束中的每一根信号线承受相同方向和幅度的信号干扰。若信号线为单端传输模式，则干扰信号的幅度极有可能"淹没有用信号"。此时若采用差分传输模式，则电路"并不理会"电机运行带来的干扰，信号得以照常传输。众所周知，RS485 通信电路，仅用两根双绞线即能实现多点信号的远距离传输，凭借的就是差分信号所具有的优越的抗干扰能力。

④ 当 IN+、IN− 输入信号在静态基础上有相对变化，即 IN+−IN− ≠ 0 时，如 IN+ 输入电压往正方向变化时，OUT− 会往负方向变化（同时 OUT+ 会往正方向变化），使得两个输出端反向偏离 2.5V，产生了信号输出。当 OUT− 为 1.5V，OUT+ 为 3.5V 时，产生 3.5V−1.5V=2V 的信号电压输出。说明电路对差模（差分）信号进行了有效放大。

图 1-5-1 中（b）电路则直观显示了差分放大器对输入共模信号的抑制效果：无论输入信号是 2.5V 或 5V，只要 IN1=IN2，OUT 点电压即为 0V。从此角度来讲，当差分放大器的偏置元件 R1=R3，R2=R4，并且 IN1=IN2 时，其输出端是"虚地"的。

5.1.2　差分放大器分析方法

差分放大器分析方法和分析同相加法器的方法大致相同，是找出同相输入端、反相输入端的两条偏置——电阻串联分压——电路，依据其关联特性，据"虚短"规则可知两电

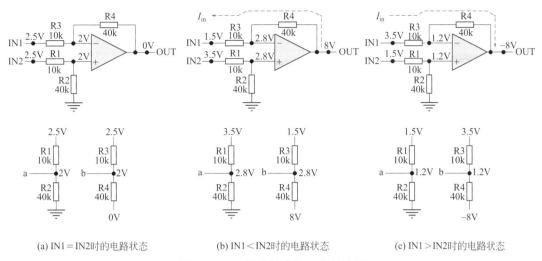

(a) IN1 = IN2时的电路状态　　　　(b) IN1＜IN2时的电路状态　　　　(c) IN1＞IN2时的电路状态

图 1-5-2　差分放大器工作状态图

路分压点是相同的，进而由反馈回路的电阻比例关系推知输出结果。

双端输入、单端输出差分放大器的输出端为何会呈现"虚地"特性呢？

（1）输入信号 IN1=IN2 的状态［图 1-5-2 中（a）电路］

① 因输入端的"虚断"特性，运放芯片不会影响电阻分压值，故同相输入端分压值取决于 R1、R2 的比例关系，即 a 点为 2V。同相输入端的 2V 电压可以看作输入端比较基准电压。

② 因两输入端的"虚短"特性，进而可推知其反相输入端，即 R3、R4 串联分压电路，其 b 点电压 =a 点电压 =2V，这是反馈电压。放大器的控制目标是使反馈电压等于基准电压。

③ 由 R1=R3，R2=R4 条件可知，放大器输出端只有处于"虚地"状态，即输出端为 0V，才能满足 b 点电压 =a 点电压 =2V，由此可以导出差分放大器的一个工作特征。

（2）IN2 ＞ IN1 的状态［图 1-5-2 中（b）电路］

① 此时因同相输入端电压高于反相输入端，输出端电压往正方向变化，其 R3、R4 偏置电路中的电流方向如图 1-5-2（b）所示，输出电流由 OUT 端经偏置电路流入 IN- 端。

② 由 R3、R4 的阻值比例可知，R3 两端电压降为 2.8V-1.5V=1.3V，则 R4 两端电压降为 1.3V×4=5.2V，输出端电压降为 2.8V+5.2V=8V。

③ 此时的输入电压差为 IN2-IN1=2V，输出电压为 8V。显然，该差分放大器的差分电压放大倍数 =R4/R3，是电压放大倍数为 4 倍的差分放大器，可用 (IN2-IN1)×R4/R3=OUT 来估算输出电压值。

（3）IN1 ＞ IN2 的状态［图 1-5-2（c）］

此时因反相输入端电压高于同相输入端，输出端电压往负方向变化，其 R3、R4 偏置电路中的电流方向如图 1-5-2（c）所示，IN- 流入电流经 R3、R4 流向输出端。同样，依 R3、R4 的阻值比例可推知，在此输入条件下，输出端电压为 −8V，电路依然将输入差分信号放大了 4 倍。

> 从电路的工作（故障）状态判断来说，直接测量 R3、R4 串联电路的分压状态，只要 R3、R4 串联分压是成立的，则电路大致上就是好的；电路的电压放大倍数也由此得出；只要测量输入电压差（R1、R3 左端电压差），再测量输出端电压进行比较，则外围偏置电路的好坏，也会得出明确的结论。

5.2　预加偏置电压的差分放大器

5.2.1　工作原理解析

运放电路若采用典型的 ±15V 工作电源，显然静态输出为 0V 是首选——电路能保障最大的动态电压输出范围，有最佳线性工作区。动态输出电压当然是以 0V 为中心的正、负电压。

此 0V 电压对运放电路而言是最佳静态工作点，但对后级电路却不一定是适宜的。如后级电路为 DSP 器件时，通常采用 +3.3V 单电源供电电源，要求输入信号不宜超出 0 ～ +3V 范围，尤其禁止负电压输入，有可能会对 DSP 输入口造成不可逆的损伤。

> 改变输出端 0V 工作点比较巧妙的方法，即是在（同相）输入端预加偏置电压（通常由基准电压源电路提供 V_{REF} 电压信号），来决定输出端的静态工作点。电路预加偏置后，完美地完成了"信号电平位移"任务，以得到为后级电路所允许的适宜的信号电压范围。

如图 1-5-3 所示，为同相输入端的偏置电路施加 +1.5V 的 V_{REF} 电压（有时简称 V_R），由两个偏置电路的"影射关系"，当 $R_1=R_3$，$R_2=R_4$ 时，可知输出电压 $=V_{REF}$，无须计算，我们可知输出静态工作点电压为 1.5V。此时，V_{REF} 电压值决定着输出静态工作点（输出端电压值）。如果后级电路为 MCU 电路，显然取 $V_{REF}=2.5V$，即可为电路建立适宜的静态工作点。

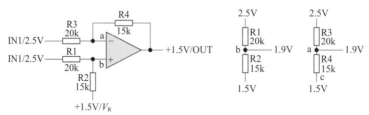

图 1-5-3　预加偏置电压的差分衰减器电路和偏置电路图析

在电流传感器对输出信号的处理上，或 A-D 转换芯片应用中，通常在器件 V_{REF} 输入端送入适宜的基准电压，以得到所需的（输出端）静态工作点，其原理即基于此。记住：基准决定输出。

其实，如图 1-5-2 电路所示，虽没有特意接入 V_{REF} 基准电压，大家仍然可以看出，信号地是"自然的 0V 基准"，仍然是基准决定输出。输入信号总需要和一个基准比较，输出级电路才获得调整输出的"动力"，由此完成信号电压的输出。

5.2.2　电路动态过程分析

如图 1-5-4 所示，电路处理动态信号时的工作过程如下：先确定静态时的输入 IN1=IN2=2.5V，动态输入电压信号为 IN1-IN2=±1V，干脆我们把交流输入等效为瞬态直流电压信号，即输入正半周（+1V）时，IN1=3V，IN2=2V；输入负半周（-1V）时，IN1=2V，IN2=3V。由此观察一下输出端的动态变化。

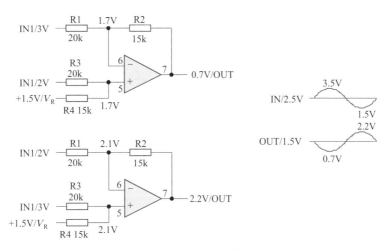

图 1-5-4　动态输出等效图

据输入信号电压变化，同样，由 R1/R2 和 R3/R4 的串联分压电路，可大致估算出输出电压值，见图 1-5-4 右侧的波形图。

输入 ±1V；输出 ±0.7V。

得出结论：电路的电压放大倍数 =R2/R3，约为 0.7 倍，是差分衰减器电路。

5.3　输入信号和运放供电电源不共地的差分放大器

5.3.1　电路分析法 1

图 1-5-5 电路为 1/100 衰减输入差分信号处理电路，其特点是输入电压信号与芯片的供电电源不共地。该电路形式接近实际应用电路，如变频器设备中采样直流母线电压，多

采用此种电路形式。

　　为估算方便，设 P（＋）N（－）电压差为直流 500V，则输出电压＝（R4/R3）×500V=5V，即将输入信号电压差衰减至 1% 后输出。

　　若同相输入端接 P 端输入电压信号，输出电压为正，反之为负。此为一种分析方法。

5.3.2　电路分析法 2

　　① 要判断 N1 同相输入端即 R1、R2 分压点电压（基准）值是多少，主要是使信号电压"与地说上话"。若把地看成是信号输入回路的"近似中点"，P、N 之间 500V 电压差，立马可转换成"对地而言"的 +250V 和 −250V。

　　② 由此 R1、R2 电阻串联总压降为 250V，R2 阻值为 R1 的 1%。将 250V 电压和 R1、R2 的总阻值看成为 100 份，则 1 份为 2.5V（此即 a 点基准电压）。

　　③ 由电路的"虚短"特性可知，a 点电压 =b 点电压 =2.5V（等效图中将"虚短"之点用虚线连接），此时将运放内部处于导通状态的 VT1 等效为 RP，从 RP、R4、R3 串联分压电路中可知 c 点输出端电压为 5V。

　　以上各点电压值判断的前提是：从图 1-5-5 中（a）电路可看出，信号电流从 P 点出发，流经 R1 → R2 →经地进入 N1 供电电源和输出级→ R4 → R3 → N 点，其中 R2 与 R3 的电压降相等，R1 与 R3 的电压降相等，并由 a 点电压 =b 点电压 =2.5V 的"相关联性"形成等效电路。b 点电压 =a 点电压 =2.5V 和 c 点输出电压为 5V，是 N1 输出级电路据"输入端虚短要求"自动调节的。

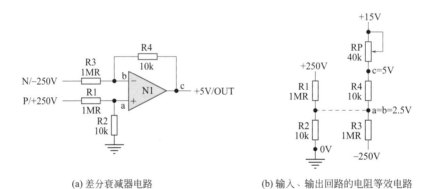

(a) 差分衰减器电路　　　　(b) 输入、输出回路的电阻等效电路

图 1-5-5　输入信号与供电电源不共地时的电路与偏置等效图示

注意 !!!

此等效电路只能是近似的，而非精准模拟。因此等效电路中各点电压值，也仅为近似值而非精准值（有微小的误差：如 R1、R2 对 250V 的分压，并非由 100 份分出，实质上是由 101 份分出的），此点提请读者注意。

5.3.3　更简单的图示分析法

如图 1-5-6 所示，仍然回到串联电阻电路分压法，据 a 点电压等于 b 点电压和串联回路的电流流向，推知 OUT 端输出电压值。比上述分析环节更少。

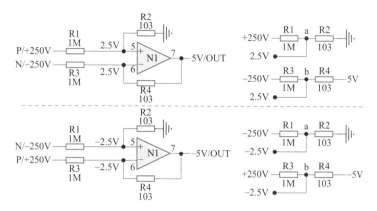

图 1-5-6　据"虚短"规则由偏置电路推算输出电压的等效图示

5.4　用差分电路构成的恒流源电路

用差分电路构成的恒流源电路如图 1-5-7 所示，本电路由变频器电路实例整理化简而成，电路实例请参阅本书第 3 篇第 8.1 节"模拟开关、光耦合器、运放的'混搭电路'"部分的内容（更深入的分析请参阅第 1 篇第 10.3 节双端输入、双端输出式差分放大器的恒流源电路），为 *V-I* 压控恒流源电路形式之一。电路完成的任务，是将输入电压差转化为 R5 两端的电压降，进而形成电流信号输出。

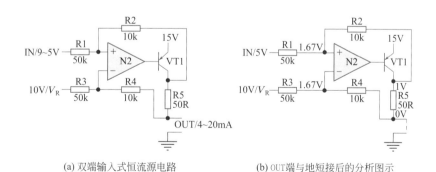

(a) 双端输入式恒流源电路　　　(b) OUT端与地短接后的分析图示

图 1-5-7　双端输入式恒流源电路和将 OUT 端与地短接后的分析图示

由电路参数可知，电路对输入信号电压差的衰减系数为 0.2，即 R4/R3=0.2。基准 10V 电压信号经 R3 进入反相输入端，输入至同相输入端的电压为 9～5V 时（即电压差 1～5V），可在 R5 两端获得 0.2～1V 的电压差输出，即在 OUT 端得到 4～20mA 的输出电流信号，实现了 *V-I* 转换。

分析该电路的简要方法：

利用恒流源电路的输出端不怕短路这一特点，将 OUT 端与地短接［如图 1-5-7 中（b）电路所示］，假定 IN 输入信号电压差为 10V-5V=5V。

此时，据电阻串联分压原理可知，N2 反相输入端得到分压基准约 1.67V，由此可知 R1 两端电压降为 5V-1.67V=3.33V，进而可知 R2 电压降为 3.33V/5 ≈ 0.67V，R5 两端电压降则为 1.67V-0.67V=1V，此时流过 R5 的电流值为 1V/50Ω=20mA。

需要说明的是，因电路的恒流源特性，将 OUT 对地短路，并不影响其分析结果。

恒流源电路检测方法：

① 需对该电路进行独立检测时，可在 R1 左端送入 9 ~ 5V 可调电压，在 OUT 端对地串入万用表的电流挡，测试输出电流变化，确定电路好坏。

② 可将 OUT 端与地短接（在 OUT 和地之间接入 50 ~ 200 Ω 负载电阻也可以）后，接电压衰减器电路工作模式，测量各点电压值，判断电路好坏。

5.5　仪用放大器（高阻抗输入的差分放大器）

5.5.1　仪用放大器基本电路形式

如图 1-5-8 所示，仪用放大器的常见电路形式有图（a）、图 (b) 两种。

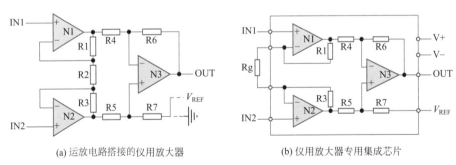

(a) 运放电路搭接的仪用放大器　　(b) 仪用放大器专用集成芯片

图 1-5-8　仪用放大器常见电路形式图示

（1）图 1-5-8 中（a）电路原理分析

图中电路一般采用 R1=R3、R4=R5、R6=R7 的方案，即 N1、N2 构成高阻抗输入的前级差分电路，N3 构成后级差分电路；也可能采用 R1=R2=R3=R4=R5=R6=R7 的设计方案，此时电路为 3 倍电压放大倍数的差分放大器。

当采用 R1=R3，R4=R5，R6=R7 的方案时，改变 R2 值，即可改变电路的电压放大倍数。

当 $R_1=R_3=10\text{k}\Omega$，$R_2=5\text{k}\Omega$ 时，先"看一下"（a）电路的放大倍数：

① 因 N1、N2 输入端"虚短"之功，将输入信号电压差"搬到" R2 两端；

② 由 R1、R2、R3 串联电路的电阻 / 电压比例可知，串联回路总压降为输入信号电压差的 5 倍，经 N3 差分（电压跟随）处理得出 5 倍的输出电压信号。

可列出简式：OUT=（IN1-IN2）× $[1+(R_2+R_3)/R_2]$。

另外，当（a）电路工作于正、负双电源供电模式时，R7 右端应予接地，电路静态输出为 0V；当（a）电路工作于单电源模式时，R7 右端可引入 V_{REF} 电压（从而决定静态输出电压值的多少），此时当 IN1-IN2=0V，OUT=V_{REF}。

（2）图 1-5-8 中（b）电路原理分析

为了保证运算精度，要求电路中电阻元件的"参数一致性"要好，因而有厂商专门生产三运放芯片的集成仪用放大器，其中 $R_1=R_3$，$R_4=R_5=R_6=R_7$ 采用了精准配对，应用者只需改变外接 Rg 的电阻值，即可得到所需的电压放大倍数。

5.5.2　模拟电路偏偏不用于对模拟信号的处理

图 1-5-9 为某品牌变频器输出状态检测电路的一个电路实例，LF347-1 ～ LF347-3 的电路结构是仪用放大器的 3 芯片结构，但电路所处理和传输的却是矩形波的开关量信号，这其实是一例"位置信号"处理电路。

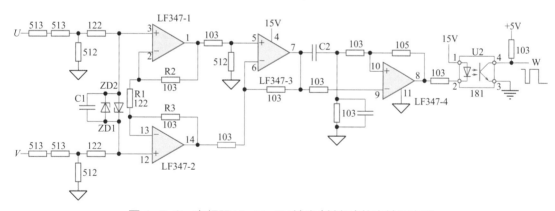

图 1-5-9　变频器 U、V、W 输出（缺相）状态检测电路

电路并不是用于对模拟信号电压的放大（反相、衰减）处理，从细节处理可看出端倪：输入侧的 C1、ZD1、ZD2 已经完成了对输入电压的整形；决定电压放大倍数的 R1、R2、R3 串联回路，也使 LF347-1、LF347-2 "远远地"出离了线性放大范围（电路的电压放大倍数接近 20 倍）而工作于开关区。

U 相和 V 相脉冲相加，并不是为了取出信号电压幅度，相加的结果是取得"二者在时间刻度上的位置"，即 W 相脉冲信号。若 W 相脉冲信号的"位置不对号"，则说明变频器

U、V、W 输出状态错误。

模拟电路完成的是"逻辑判断"任务，这种应用真是少见。

5.5.3　芯片式仪用放大器的电路实例

实例电路如图 1-5-10 所示，采用线性光耦合器和芯片式仪用放大器相配合，对输入三相交流供电电源电压，先经电阻分压衰减，再经线性光耦合器和仪用放大器进行约 50 倍的电压放大，取得 V_R、V_S、V_T 电压信号送后级电路，用于检测和判断输入三相电源电压是否正常。

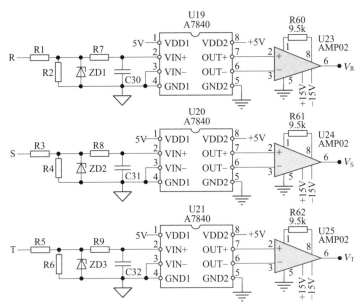

图 1-5-10　奥的斯 ACA21290BJ2 型变频器输入电源电压检测电路

对于 AMP02 器件，请参阅图 1-5-8（b）电路，已知内部 R1=R3=25kΩ，则本级电路的输入差分电压放大器倍数为：（25kΩ+25kΩ）/9.5kΩ+1 ≈ 6 倍。

图 1-5-10 电路的故障诊断方法略述如下（以 R 相检测电路为例，在线上电状态）：

① 在 U19 的输入侧 2、3 脚施加 0.1V 直流电压（不必理会此时的输入电压是多少及外部电路是否接入），测 U19 的 6、7 脚输出端电压差不为 0.8V（已知 A7840 芯片的电压放大倍数为 8），则 U19 坏。

② 测输出端 V_R 点，电压应为 5V 左右。若不为 5V，故障在 U23 本级。

③ 测 V_R 点电压值不为 5V 左右，短接 U19 的 2、3 脚，U19 的 6、7 脚电压差不为 0V，U19 坏；短接 U19 的 6、7 脚，测 V_R 点不为 0V，故障在 U23 本级。

5.6 差分放大器检修方法

当电路需要传输毫伏级交、直流电压信号时，出于抗干扰的要求，通常采用差分放大器或光耦合器和差分放大器的"配套"电路（同时有电气隔离要求时），来完成检测信号的传输任务。常见差分放大器的电路形式如图 1-5-11 所示，当 R1=R3，R2=R4，同时差分输入信号为零（停机状态）时，输出端为 0V，是"虚地"的。如果不是 0V，说明该级电路有问题，上电后的异常报警，其源头可能即在此处了。

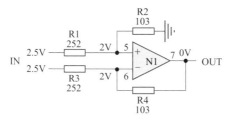

图 1-5-11　差分放大器的基本电路

或者当输出端不是 0V，短接图 1-5-11 中 R1、R3 的左端，输出端应即时变为 0V，否则说明本级电路处于故障状态。

（1）R3 不良时的表现

当输入差分信号电压为零（电阻 R1、R3 左端相互电压差为 0V）时，测芯片两输入端与输出端都为 2V（故障状态如图 1-5-12 所示），输出电压不符合"虚地"规则。判断故障在此。

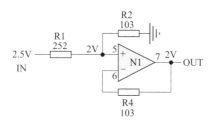

图 1-5-12　R3 虚焊后的等效电路

① 放大器的"虚短"规则仍然成立，判断 N1 芯片好，故障在偏置电路。

② 进一步分析，此时差分放大器已变身为电压跟随器，判断为 R3 断路、虚焊或阻值严重变大。测 R3 一端虚焊，补焊后恢复正常。

（2）R4 断路后的表现

从输入、输出端测量判断，该级电路已出离放大区进入比较区——已经不是放大器的表现了。测芯片 N1 的 5 脚为 2V，6 脚为 2.5V，7 脚为 −13V。

① 放大器的"虚短"规则不能成立，但尚且符合电压比较器规则。

② 进一步分析，此时差分放大器变身为电压比较器，故障状态如图 1-5-13 所示。

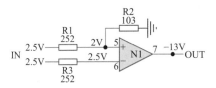

图 1-5-13　R4 断路后的等效电路

判断 N1 芯片尚好，故障为 R4 断路或虚焊，使放大器的闭环条件被破坏，从而由放大器变身为电压比较器。在线检测 R4 的阻值已严重变大，拆下检测已经断路，代换后恢复正常。

（3）R1 不良的故障现象

测芯片 N1 的 5 脚为 0V，6 脚为 0V，7 脚为 −10V。差分放大器"变身"为 4 倍反相放大器。

① 放大器的"虚短"和反相放大器的"虚地"规则仍然成立，N1 芯片是好的。

② 进一步分析，此时差分放大器变身为反相放大器，故障状态如图 1-5-14 所示。

判断故障为 R1 断路或虚焊，引起同相输入端的输入信号电压丢失，而反相输入端的 2.5V 信号电压从而被 4 倍反相放大。查 R1 有虚焊现象，补焊后故障排除。

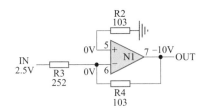

图 1-5-14　R1 虚焊后的等效电路

（4）R2 断路后的故障表现

测芯片 N1 的 5、6、7 脚电压值均为 2.5V。电路状态貌似"变身"为电压跟随器。

① 放大器的"虚短"规则仍然成立，N1 芯片是好的。

② 进一步分析，此时由于同相输入端的分压电路异常，导致原差分放大器的"输出虚地"条件被破坏，故障状态如图 1-5-15 所示。故使输出电压由 0V 上升为 2.5V。

判断故障为 R2 断路或虚焊，引起同相输入端的电压上升。测量确如判断，代换 R2 后 N1 输出正常。

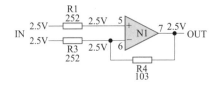

图 1-5-15　R2 断路后的等效电路

（5）N1 芯片损坏后的故障表现之一

测芯片 N1 的 5 脚电压为 2V，6 脚为 0.4V，7 脚为 −8V。

① 放大器的"虚短"规则不能成立。

② 退而求其次，N1 芯片连比较器的原则也不再符合，彻底"渎职"变得不可理喻。故障状态如图 1-5-16 所示。结论是 N1 芯片已经坏掉，不须再查外围元件进行判断。代换 N1 芯片，恢复正常工作。

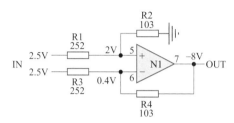

图 1-5-16　N1 损坏后各脚电压标示图

（6）N1 芯片损坏后的故障表现之二

测芯片同相输入端 5 脚电压为 3.8V，输出为故障状态（输出端不为 0V），判断本级电路故障。

① R1、R2 的正常分压值应为 2V，停电查 R1、R2 无损坏现象。退一步讲，即便 R1、R2 有损坏，N1 芯片的同相输入端电压也应既不高于 2.5V，也不低于 0V。故障状态如图 1-5-17 所示。

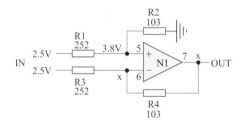

图 1-5-17　N1 损坏后故障表现图示

② R1、R2 分压点为 3.8V，结论是 N1 芯片同相输入端内电路坏掉：芯片干涉了分压！

须说明一点：以上故障分析，并非是在图纸上设定哪只元件坏掉，然后依靠电路原理推理一番，得出结论。笔者走的不是这个路子。电路图有可能稍作精简，但故障表现都从真实的实例"演化"得来。

> 电路正常的工作状态只有一种（芯片符合"虚断"和"虚短"规则，偏置电路则符合"电阻比例 = 电压比例"规则），而故障状态的表现却千差万别，以上仅仅列举了 6 种，实际的故障表现当然远不止此 6 种！故障检修贵在融会贯通后的举一反三，非此不足以谈及"芯片级检修"。

运放电路的故障检修，很多检修者养成了"先换片后测量"的习惯。若换片无效，随后的措施就是"换板"，于是就有了"板级维修"一说。

笔者认为，检修运放电路，电压检测法尤其有效，花点检测与诊断的功夫并不耽误时间，比直接换片更为高效和准确。检修就是测量和判断，长期依赖"换片"，检修之路就走得坎坷了。

第6章

精密半波和全波整流电路原理解析

利用二极管（开关器件）的单向导电特性和放大器的优良放大性能相结合，可对输入交变信号（尤其是小幅度的电压信号）进行精密整流，由此构成精密半波整流电路。若由此再添加简单电路，即可构成精密全波整流电路。

运放电路中，负反馈回路采用电阻元件，工作原理上分析更易于入手，若换作二极管或电容元件，电路的动作过程就会变得不易琢磨，而破解精密半波整流电路原理关隘的有力工具，即按二极管的工作特性来分析电路：

① 把二极管元件看成是单向开关器件，反偏即断开，正偏即导线。

② 明白二极管什么情形下开，什么情形下关。

6.1 精密半波整流电路

硅材料二极管的导通压降约为 0.5V（大电流情况下还要高一些），此导通压降又称为二极管门槛电压，意味着迈过 0.5V 这个槛，二极管才由断态进入到通态。常规整流电路中，因输入电压 / 整流电压的幅值远远高于二极管的导通压降，几乎可以无视此门槛电压的存在。但在对小幅度交变信号的处理中，若信号幅度小至毫伏级，则会出现整流崩溃的局面。二极管为非线性器件（仅存在通、断两个"跃变态"），不宜用于传输线性信号。

但二极管若得到运放器件的协作，结合二极管的单向导电特性和运放器件电压放大倍数特别大的二者之长，即可轻松完成精密半波整流的任务。在图 1-6-1 中，二极管 VD1、VD2 均未导通之前，电路处于开环状态，此时因运放器件开环电压放大倍数无穷大之故，极微小的输入电压即会使反馈回路接通，由此产生相应输出，弥补了二极管导通门槛电压高的缺点。

图 1-6-1 中（a）电路，阻断输入信号的正半周，对输入信号的负半周"开门放行"，并倒相后输出，是一款输入负半周整流倒相电路。下面将一个信号周期分为正半周和负半周两段，分析其工作原理。

① 在输入信号正半周（0～$t1$ 时刻），信号电压只要稍高于0V，输出端立马变成负压，VD1 具备正向导通条件，VD2 因反偏处于关断状态，电路等效为电压跟随器 [图 1-6-1（b）电路]。

在 VD1、VD2 导通之前，电路处于电压放大倍数极大的开环状态，此时（输入信号的

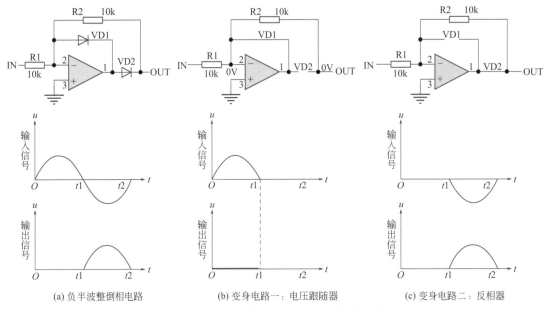

(a) 负半波整倒相电路　　(b) 变身电路一：电压跟随器　　(c) 变身电路二：反相器

图 1-6-1　半波精密整流电路及等效电路

正半周输入期间），微小的输入信号即会使放大器输出端变负，二极管 VD1 正偏导通（相当于短接），VD2 反偏截止（相当于断路），形成电压跟随器的工作模式，因同相输入端接地之故，电路变身为跟随地电平的电压跟随器，输出端仍能保持零电位不变。

② 在输入信号负半周（t1 ～ t2 时刻），VD1 关断，VD2 导通，电路等效为反相器 [图 1-6-1（c）电路]。

在输入信号的负半周期间（VD1、VD2 导通之前），微小的输入信号即会使输出端变正，二极管 VD1 反偏截止，VD2 正偏导通，接通 R2 的负反馈回路，从而形成反相（放大）器的电路工作模式，对负半周信号进行倒相输出。

在工作过程中，两只二极管默契配合，一开一关，将输入正半周信号关于门外，维持原输出状态不变；对输入负半周信号则放进门来，帮助其翻了一个"跟头"（倒相）后再送出门去。两只二极管精诚协作，再加上运算放大器的优良放大性能，配料充足，做工地道，从而做成了精密半波整流这道"大餐"。

③ "细说"电路原理。也许有的读者并不习惯"粗放"的等效说明，"往细里说"更符合他们的喜好，那就再细说一下。如图 1-6-2 所示。

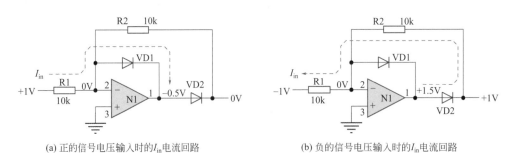

(a) 正的信号电压输入时的 I_{in} 电流回路　　(b) 负的信号电压输入时的 I_{in} 电流回路

图 1-6-2　精密负半波整流电路输入信号电流流向图

首先，图 1-6-2 中的（a）电路，我们可将输入交变信号看成是瞬时直流电压信号，因而在输入端给出 +1V 和 −1V 输入的直流电压，和输入交变信号电压的效果是一样的，只不过是把信号变化速度"放慢了看"而已。由此分别观察 VD1、VD2 的导通、截止情况，以及它们带来的电路结构的变化。

又及，精密半波整流电路的基本电路结构仍为反相放大器，其信号电流的流向为信号输入端流向芯片输出端内部，芯片本身的同相、反相输入端不会有电流的进出，如有则芯片坏掉，分析输入电流的路径时必须清楚此点。

图 1-6-2 中的（a）电路，输入 +1V 信号时，反相输入端电压稍高于 0V，电路闭环条件成立，VD1 导通，将芯片 1 脚电压钳位于 −0.5V 左右。VD2 承受反向电压而截止，偏置元件 R2 无电流流通，VD2 的截止实际上阻断了输出回路，当然也可看成是 N1 芯片 2 脚的 0V 经 R2 电阻后输出，总之此时电路输出电压为 0V。换言之，当输入电阻 R1 流经 1V/10kΩ=+0.1mA 电流时，在电路闭环模式下，VD1 必然恰好流通 −0.1mA 电流，而致芯片的 2 脚为 0V，进而输出为 0V。

图 1-6-2 中的（b）电路，输入 −1V 信号时，反相输入端电压稍低于 0V，电路闭环条件成立，VD2 导通，接通 R2 负反馈回路，VD1 则承受反向偏压而截止。R1、R2 流通电流相等，而方向相反，故将输入 −1V 倒相为 +1V 后输出，完成将输入负电压反向 / 倒相输出的任务。

还有读者朋友也许会问：图 1-6-2 中的（a）电路，N1 芯片 1 脚的 −0.5V 究竟从何而来？

电路的控制过程，是芯片据输入电压高低，自动调整（输出级内部 VT2）Rce 的大小，使芯片 2 脚分压为 0V，以达成"虚地"规则为止。当 Rce 恰好为（14V−0.5V）/0.1mA 的适宜电阻值（约为 135kΩ），回路电流为 0.1mA 时，芯片 2 脚电压达到 0V。

图 1-6-3 中，如果将二极管 VD1、VD2 的方向取反，则变成输入正半周整流倒相电路，请读者自行分析。

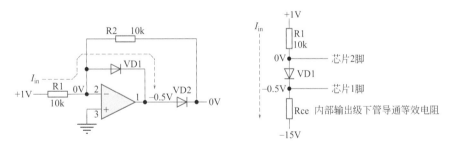

图 1-6-3　输入 +1V 时芯片内、外部电流流向与分压示意图

6.2　常见全波精密整流电路形式

6.2.1　精密全波整流电路之一

如图 1-6-4 中的（a）电路所示，N1 及外围电路构成正半周输入 2 倍电压放大的反相整流放大电路，N2 为反相求和电路。若输入信号峰值为 +2V 的（正半周）正弦波信号电压，

则 a 点输出为 -4V，对应输入正半周的电压信号；此信号经在 N1 反相输入端与 +2V 的（正半周）正弦波信号电压信号相加，经 N2 反向处理后得到 2V 脉动直流信号。

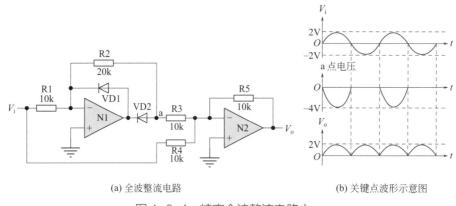

(a) 全波整流电路　　　　　　　　(b) 关键点波形示意图

图 1-6-4　精密全波整流电路之一

若输入信号峰值为 -2V 的（负半周）正弦波信号电压，N1 电路处于 VD1 导通、VD2 关断的 0V 输出状态，此时 N2 反相输入端得到 0+（-2V）的输入信号，反相输出处理后仍得到 2V 脉动直流信号，电路起到精密全波整流的作用。

另外，若将偏置电路的参数改变为 R1=R2=R4=R5，令 R3=0.5R1，电路的全波整流性能仍然是相同的。同一功能电路，可以有多种设计模式，正所谓"条条大路通罗马"。

状态分析：

① V_i 输入信号电压为零时，V_o 输出端电压也为 0V。

② 所谓全波整流电路，须经得起如此考验——输入幅度相同但极性相反的直流电压信号，则输出为一单极性的电压信号。

6.2.2　精密全波整流电路之二

图 1-6-5 所示全波整流电路的工作原理简述如下：输入正半周信号期间（$V_i > 0$），N1 输出端电压 < 0，VD1 通，VD2 断；N1 等效为地电平跟随器，输出为 0V；同时 V_i 送入 N2 同相输入端，VD3 断、VD4 通后接通 VD4、R3 反馈回路。此时 N2 亦等效为电压跟随器电路，将 V_i 信号输送到 V_o 端，即 $V_i=V_o$。

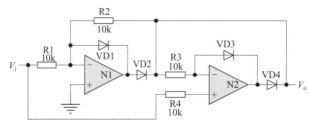

图 1-6-5　精密全波整流电路之二

在输入负半周信号期间（$V_i < 0$），N1 的输出端 > 0，VD1 断，VD2 通接通负反馈回路，N1 "变身" 成反相器电路，将输入负半周信号变成正向电压输出；此时 N2 的同相输入端为负极性电压信号，反相端为正极性电压信号，处于 VD3 导通、VD4 关断（阻断输出）的状态，V_i 输入信号由作为反相器的 N1 输送至 V_o 端。

　　利用 VD1 ～ VD4 的单向导电——通、断特性与放大器配合（巧妙程度上稍逊色于图 1-6-4 电路），完成了全波整流任务。

精密半波 / 全波整流电路原理分析要点：

　　① 确定电路的基本电路构成。以图 1-6-4 电路为例，如 N1、N2 的基本电路结构形式为反相器、反相求和电路。

　　② 动态中 "变身倾向" 的定性。如 N1 在输入正半周信号期间，变身为电压跟随器，负半周信号输入期间则变身为反相器。

　　③ 运放何时变身，由二极管 "说话"。注意输入信号的极性不同，决定了二极管处于正向偏置或反向偏置。

　　掌握此要点，根据信号输入（动、静态或正、负半周状态）变化，把握放大器的 "变身趋势"，从而推导出输出端信号电压的变化规律。

6.3　精密半波、全波电路的故障检修方法

　　① 检修线路板时，电路往往处于 "非整流" 的 "休闲期"：结论即输入 0V，输出 0V。

　　② 对精密整流电路的故障检测，可以施加直流电压信号来确定电路好坏——模拟动态整流工作时的具体表现。

　　③ 只要是运放电路，其检测要诀仍然是按 "虚断" 和 "虚短" 规则，快速做出故障判断。

第7章

单电源供电的运算放大器

大部分运放电路，从电路简洁和对信号处理上的方便考虑，多采用 ±15V 典型供电电源。少部分运放电路，工作于单电源供电模式下，如何传输模拟电压信号，以及对芯片型号代换有何要求，是一个需要注意的问题。

7.1 单、双电源供电运放及代换事项

适用于双电源供电的芯片型号有：LF353、LF347，TL072、TL074，TL082、TL084等。从器件资料上可以看到其电源电压范围为 ±3 ~ ±18V；供电引脚标注 $V_{cc}+$、$V_{cc}-$，或 V_{cc}、V_{EE}，或 $V+$、$V-$ 等（意味着需正、负两组供电电源）。

适用于单电源供电（双电源供电也可）的典型芯片型号有：LM358、LM324 等。从器件资料上可以看到其电源电压范围为 3 ~ 32V（或 ±1.5 ~ ±16V）；供电引脚标注 V_{cc}、GND（意味着单、双电源供电均可）。

从供电引脚的标注上可以区分芯片的供电类型。运放芯片采用单电源还是双电源供电，和内部结构设计是相关的。

（1）双电源供电的芯片特点

更适宜作为线性放大器应用，其动态范围在双电源供电时表现优良，单电源供电时可能会不尽如人意。

作为比较器应用，在单电源供电时，因内部电气结构所限，其输出下限电平不能到0V（即所谓无法实现"轨到轨"），如输出低电平不能至 0V 附近，（15V 电源供电时）输出最低电平仍高达 6 ~ 8V。这使得输出高、低电平的界限变得模糊，有可能使后级逻辑电路判断失误，造成传输错误。

（2）单电源供电芯片特点

该电源则在电路设计上特意做了补正：在单电源供电时，需要低电平输出时其电压值接近地电平，即所谓达到"轨到轨"的性能，如 LM324 芯片，在单电源供电作为比较器应用时，其输出低电平能接近地电平 0V。作为比较器应用时表现更为出色。

可以单电源供电的运放芯片，又称为通用型运放，应用单、双电源俱能正常工作，从

上述电源电压参数上也能看出来。

可以得出结论：

① 单电源供电运放芯片（多为通用型运放），适应于单、双电源供电，甚至在某些程度上，可作为比较器应用，其代换性较好。电路无特殊要求时可以代换双电源供电芯片。

② 双电源供电芯片，在单电源供电时，能否与其他芯片互换，需要商量和斟酌，在一定条件下可以代换，互换性较差。如作为放大器应用（且信号正负幅度不太大时），可以代换单电源芯片；但作为比较器应用，尤其是对输出低电平幅度有要求时，就不宜代换应用了。

7.2　单电源运放作为放大器应用时的技术措施

单电源运放传输线性信号时，为了完整放大交变信号而不致产生输出失真，通常将同相输入端用分压电路或其他电路预置为 $0.5V_{cc}$ 电位，如图 1-7-1 所示。

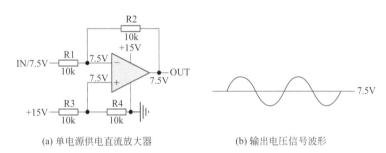

(a) 单电源供电直流放大器　　　　　　(b) 输出电压信号波形

图 1-7-1　同相输入端预加 $0.5V_{cc}$ 偏置电压的直流放大器

图 1-7-1 电路中，运放芯片采用单电源供电，经常采用在同相输入端预加 $0.5V_{cc}$ 偏置电压（人为形成一个"信号地"），电路的静态输入和输出电压俱为 7.5V（零信号）。若输入为正弦波信号，则输出信号是以 7.5V 为零基准的幅度变化的正弦波信号（信号的直流成分仍为 7.5V）。

如果换一个角度来看，把芯片同相输入端当作地，则 15V 供电电源电压，对地而言，恰好变为 ±7.5V，这和双电源供电而同相输入端接地的反相放大器的工作模式，其实是一样的啊。

不过此处的信号地和零信号不再是 0V，而变成 $0.5V_{cc}$ 而已。大家慢慢地会有这种认识：零信号不见得就是 0V。零信号 / 静态工作点可以是 $0.5V_{cc}$，也可以是别的电压值，后文中会逐渐深入介绍。

可知图 1-7-1 电路的静态工作点：

① 输入信号的零信号，可能也为 7.5V，高于或低于此值时，才产生信号输入。

② 电路的静态工作点，即运放芯片的两输入端及输出端，都应为 7.5V。

③ 注意此时电路的反馈回路，恰恰处于"零电流零压降"状态，不能用 R2/R1 的比例数推算电压放大值，因为此时放大倍数为 0。

④ R2=R1，说明图 1-7-1 电路为反相器，即输入为 5 ～ 10V，输出为 10 ～ 5V，输入、输出是反相关系。若 R2 ＞ R1，则成为反相放大器。

⑤ 15V 单电源供电的运放，输入信号电压应在供电范围之内，不应有负的（非法的、故障的）电压信号输入，电路的放大倍数变大时，输入信号数值或范围应变小，以保障输出级电路不会进入非线性区。

7.3　芯片代换结论

如 LM258/358、LM224/324 等，不宜用更适合双电源供电的芯片来代换，不然，在需要较低电压幅度输出时，动作失效（输出电压在该低的时候低不下来）。

当用 LM224 代用 LF347 时，对于一般电路是可以代用的。

第 8 章

基准电压的来源

运放电路的工作，实际是在"放大不离比较，比较不离放大"的动态过程中进行着的。地电平 0V，是"潜在的""隐藏着的"基准，本章则指向"特意安排的""明显的"基准，做出电路示例和说明，为第 9 章"放大器的预置基准"的行文做好铺垫。如果广而言之，任何电路，包含已出离模拟电路区域的电源芯片、数字电路、MCU 等器件，都存在"潜在的"比较基准，否则其效能便无法发挥。

如数字电路，也是在某一基准条件下运行和工作的（对高、低电平的判断，必然要依赖基准来进行），说基准是电路能够正常工作的"生命线"并不夸张。

本章列举数种基准电压产生的电路，给出电路示例和解析。

产生基准电压输出的电路，又称为基准电压源电路，可以由分立元件、集成器件，以及分立元件和集成器件"混搭"组成；由专业电路（集成基准电压源、稳压器件）和组合电路构成。

8.1 由电源电压经电阻串联分压产生的基准电压

经过稳压电路处理的、具有相对稳定度的电源电压，才能够由电阻串联电路分压，得到基准电压（图中以 V_{REF} 的缩写 V_R 来标注基准电压）。

图 1-8-1 中给出电路结构和形式的示例，但电路中元件的取值可能和读者碰到的实际电路，并不完全相同，有较大或较小的差异，都为正常的现象。

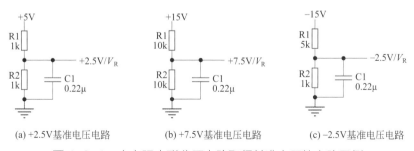

(a) +2.5V基准电压电路 (b) +7.5V基准电压电路 (c) −2.5V基准电压电路

图 1-8-1 由电阻串联分压电路取得基准电压的电路示例

8.2　由运放电路生成的基准电压

+5V 电源电压多由三端稳压器产生，或经精确稳压控制而生成，是"稳压质量较高"的电源电压，因而基准电压产生电路多采用 +5V 作为输入信号，进而由 2 倍同相放大器处理成 +10V、由反相器处理成 −5V 输出电压，作为其他电路所需的电压基准。+10V 输入信号再经 1/4 反相衰减，处理成 −2.5V 的电压基准信号，送至其他电路。

图 1-8-2 中（a）电路，只要输入 +5V 稳压，输出 +10V（在电路的负载能力以内）就是稳定的，如电路需要输出较大电流，可在输出端增设晶体管来提升电流输出能力［如图 1-8-3 中（a）电路所示］，该电路因具备较好的稳定输出电压的能力，有时又称之为电压伺服器电路。

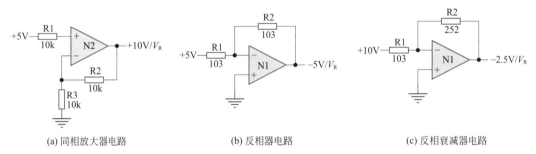

(a) 同相放大器电路　　　(b) 反相器电路　　　(c) 反相衰减器电路

图 1-8-2　由运放电路生成的基准电压电路示例

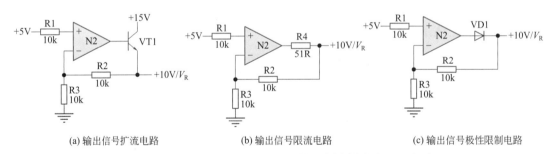

(a) 输出信号扩流电路　　　(b) 输出信号限流电路　　　(c) 输出信号极性限制电路

图 1-8-3　实现扩流、限流和极性限制的基准电压源电路

图 1-8-3 电路对部分功能进行了"具体强化"，其中图（b）、图（c）电路，分别具有限流输出功能和输出信号极性限制功能（只允许正的基准电压信号输出）。

需要说明的是，电压基准的高低完全是视具体电路所需而定，不一定恰好是图 1-8-2 中所输出的 3 个值（虽然某信号处理电路恰巧也会用到这 3 个基准值，但仅仅是有一定概率的巧合而已）。如 1.1V、4.25V 等的任意稳定电压，都有可能被电路设计者据具体情况作为基准电压而采用。由运放电路来生成基准电压，图 1-8-2、图 1-8-3 的几种电路形式确实也是经常要碰到的。

8.3　"专业"基准电压源电路之一

产生 V_R 信号的专业器件，常用型号为 TL431（或相似功能的集成器件），是三端 2.5V 集成电压源器件，是"质量较高"的 V_R 信号发生器，内部调整管和负载电路为并联关系，工作于并联变阻调流状态，以实现稳压输出。在开关电源、模拟信号处理电路中，经常见到它的身影。图 1-8-4 是由 2.5V 基准电压源器件生成多种 V_R 信号的电路图。

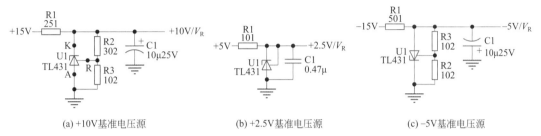

(a) +10V基准电压源　　　(b) +2.5V基准电压源　　　(c) -5V基准电压源

图 1-8-4　由 2.5V 基准电压源器件生成多种 V_R 信号的电路图

图 1-8-4 电路中，R1 为限流电阻，R2、R3 为电压采样电阻，改变二者比例，可方便取得所需的 V_R 值信号输出，其输出电压 $\approx 2.5V \times (1+R_2/R_3)$。在线估算输出电压值，已知 R3 两端电压降为 2.5V，R2 为 R3 的几倍，R3 端电压降即为 2.5V 的几倍，二者串联电压降相加，即为输出电压。

将 TL431 的 K、R 端短接时，输出 2.5V 的 V_R 基准电压；将其 K 端接地时，也能取得负的 V_R 信号输出。

由 TL431 构成 V_R 信号发生器，具有电路结构简洁、V_R 精度高、方便设定 V_R 值等优点。

8.4　"专业"基准电压源电路之二

直流稳压电源使用的专用稳压电源集成器件为三端器件，有固定稳压器和可调稳压器两种电路形式，后者典型型号为 LM117/217/317，常见应用为 LM217 或 LM317。

该类器件的设计初衷是当作稳压电源来使用的，与负载电路的连接方式为串联，内部电源调整管工作于变阻调流区，故具有保持输出电压不变的稳压性能。当其 ADJ（调整）端接地时，也可看作是输出电压为 1.25V 的三端固定稳压器。

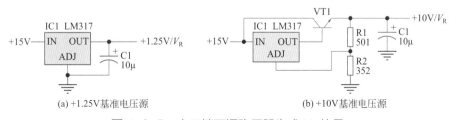

(a) +1.25V基准电压源　　　　　　　(b) +10V基准电压源

图 1-8-5　由三端可调稳压器生成 V_R 信号

图 1-8-5 中（a）电路中，ADJ 接地，为固定 1.25V 输出；图 1-8-4 中（b）电路中，ADJ 不接地，由 R2、R1 的比值决定输出电压值。LM317 的输出电压 $\approx$ 1.25V×（$1+R_2/R_1$），改变 R_1、R_2 的比值，可得到所需的 V_R 电压。增设晶体管 VT1，是为了起到输出扩流和缓冲的作用。

以上列举了四类基准电压产生电路，电路的任务是取得一个相对稳定的电压值，作为其他电路的输入信号对比基准。对于基准电压源电路的类型，笔者并不能做到毫无遗漏地收录，其中原因：

① 笔者接触到的实际线路板毕竟是有限的，冰山一角并非夸张。

② 基准电压源的新器件，也会陆续推入市场得到运用，书中的举例电路（今天在笔者手中"正在流行"的电路），可能会成为"昨天的东西"；读者今天正在检修中的线路板，碰到的可能是与书中"不太一样的电路"。这有点令人沮丧：一切都会变成旧的，今天的"新和唯一"，又能持续多久？

③ 沮丧又是不必要的，虽然器件型号、封装方式是"变的"，但电路原理和电路构成是近于"不变"的。书中给出"旧器件电路"的同时，也将"不变的东西"捧到读者手中，请接住！

8.5 可编程基准电压源电路

如今，智能设备的应用越来越广泛，"人机界面友好""人性化"等名词，不仅是宣传用语，甚至也可以成为设备的一个可量化的技术指标。设备制造者，会力争给设备使用者更大的管理权限和调整自由。

智能化的前提，是设备的可编程功能——用户可参与控制过程或使控制方法变更——的实现，MCU 和 DSP 器件的成熟应用，使之变为可能。

如变频器接地故障电流的保护阈值，并非是由设计者说了算，而是由设计者将此权限交付使用者手中——使用者可以修改相关控制参数，在极大的范围内设置保护动作阈值。此外，某些功能，根据实际工作所需，使用者也可以实施生效、禁止的决定权。

图 1-8-6 是一个可编程 V_R 信号发生器的实际电路。（a）电路中 U1*（* 为笔者自行标注）为 8 选 1 模拟开关电路，相当于 1 刀 8 掷的选择开关，由 MCU 输出的 000 ～ 111 二进制信号（共有 8 种组态），控制 U1* 的 A0、A1、A2 的"开关选通"控制端，实现将串联电阻分压回路所得的 V_{R1} ～ V_{R8} 共 8 种基准电压信号，选其一而输出，Z 为输出端。当 U1* 的 A0、A1、A2 的 3 个输入端电压都为 0 电平时，Y0 与 Z 被内部电路接通，Z 端输出 V_{R1} 信号。换言之，当使用者选择"最大接地动作电流"时，电路即处于 Y0 与 Z 接通状态；当使用者选择"最小接地动作电流"时，Z 端输出 V_{R8}（0.15V）信号，变频器处于接地报警的"最高灵敏度"。图中（b）电路重新绘出电阻串联分压电路，以便观察 V_R 的来源。

有检修者声称：在不改动硬件电路的前提下，他有办法可以屏蔽"接地故障"报警动作。读者能想到他所采用的方法吗？

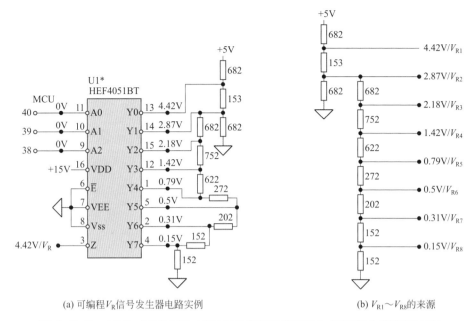

(a) 可编程 V_R 信号发生器电路实例 　　　　　　(b) $V_{R1} \sim V_{R8}$ 的来源

图 1-8-6　ABB-ACS800-75kW 变频器可编程 V_R 信号发生器实例电路

第9章

放大器的预置基准

不仅是运放电路，再扩而言之包含 MCU 器件、电源芯片、数字电路芯片等，必然都有一个"潜"的或"显"的电压基准，输入信号电压与其比较，才能形成线性的或开关量的结果输出。

相对于其他电路，运放和比较器所需的基准是灵活的、可变的，据具体情况可以随机设置的，而数字芯片电路的内部基准则相对固定，通常使用者不能对其变动，而大多情况下也无须变动。

本章电路，只对运放电路的基准电压形式和相关电路做出解析，先不管其他。运放电路的工作特点是"在比较中进行放大，输出的为线性比较结果"。输出级电路据比较差距调整输出值，并试图缩小至消灭此差距（输入信号和比较基准的差距）。所以放大其实是在比较过程中进行的，不能比较或者说丢失了比较基准，也就失去放大的效能。

9.1 "潜"的基准——不需要另外增设的基准

如图 1-9-1 所示，列举了电压跟随器、同相放大器、反相器等 3 种电路形式，揭示其"潜"的基准在何处。

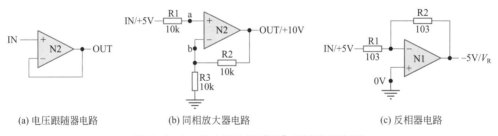

(a) 电压跟随器电路　　　　(b) 同相放大器电路　　　　(c) 反相器电路

图 1-9-1　放大器电路"潜"的基准示意图

① 图 1-9-1（a）电路为电压跟随器，是输出信号和输入信号电压相比较。IN 信号既是输入信号又是潜在的基准，OUT 与之比较，据"虚短"规则可知，必然形成 OUT=IN 的输出结果。

② 图 1-9-1（b）电路为同相放大器，是反馈信号和输入信号相比较，即图中 b 点电压

和 a 点电压随机、随时地在比较，当 b 点电压 =a 点电压时，OUT 就会得出正确的结果。a 点电压既是输入信号，也是比较所需的基准。

③ 图 1-9-1（c）电路是反相器，是输入信号和地相比较，地 /0V 即是潜在的基准。当 IN ＞ 0V，输出为输入的反相电压——负极性电压；当 IN ＜ 0，输出为输入的反相电压——正极性电压。

以上 3 种电路的特点：

① 本身自带基准电压，不需外设。

② 因为是潜在的基准，当然也就不会发生基准"丢了""飘了""错了"的故障。即电路具备"结果有可能错误，但基准永远是对的"特色。

虽然是"潜"的基准，但基准又明明是摆好在那儿的。检修中虽然不用特意去找出来，但检修者一定要具备能看出基准的眼光。

9.2 "显"的基准——双电源供电运放额外设置的基准

从第 9.1 节中，我们也许已经有了工作于双电源供电模式下的运放，因为"自带基准"的缘故，不需要再另外设置基准电压的错觉，其实一切事物都是因时因地而变而异的。前面说过，包含负电压的"0V"信号（动态中有正有负），送至单电源供电的 MCU 或 DSP 后级电路，是不合适的。把"0V"工作点抬升至合理水平，对 MCU 器件的输入信号而言抬升至 2.5V 左右，对 DSP 器件的输入信号而言抬升至 1.6V 左右，是 MCU/DSP 器件输入级电路必须要完成的任务。

完成此任务的电路形式较多，在此给出数例以做说明。

9.2.1　从 +5V 供电端取得基准的电压跟随器电路

如图 1-9-2 所示，从 IC1-2 的同相输入端来看，+5V 基准电压的引入，造成了使前级电路输入的 0V 抬升至 2.5V 的作用，此举将 MCU 器件不能"容忍"的信号立马变作"喜欢"

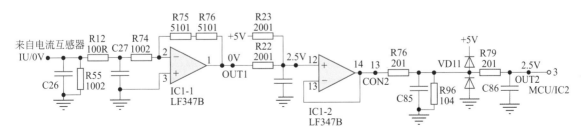

图 1-9-2　康沃 CVF-G3-75kW 变频器 U 相电流检测电路

的信号电压。简易的 R23、R22 串联分压电路，实现了对信号电压的"平地抬升"，这是使交变信号变为 0V 以上直流电压的一种简易的有效手段。

如果欲使输入交变信号变为 0V 以上的直流电压，若不采用精密半波 / 全波整流电路，就得利用基准电压的输入，完成信号电平抬升作用。而且后者比前者的表现似乎更为巧妙。

9.2.2　–5V 基准电压输入的加法器 / 反相求和电路

当然也可以采用运放电路构成基准电压发生器电路，图 1-9-3 电路即是如此做的。对于 U12-a 电路而言，输入信号和基准电压的输入模式，构成了加法器 / 反相求和电路的运算形式，二者相加的结果使输出端工作点静态电压值等于 2.5V，这正是 MCU 所"喜欢处理"的最佳模拟量电压值。

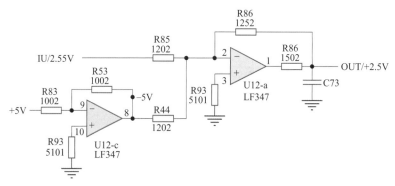

图 1-9-3　安普 AMP1100-3.7kW 变频器 U 相电流检测电路

9.2.3　–3.3V 基准电压输入的加法器 / 反相求和电路

电路如图 1-9-4 所示，构成如下：

① –3.3V 基准电压发生器电路。由 V_{R1}（+3.3V 基准电压）经 IC16d 反相器电路处理，而得 –3.3V 基准电压，送入至 IC16c 的反相输入端。

② 加法器 / 反相求和电路。IC16c 及外围元件构成反相求和电路，输入信号 1IU（静态为 0V）也同时送入至 IC16d 的反相输入端，和基准电压一起，形成加运算输入。输出电压信号 2IU 经钳位电路送至 DSP 的 80 脚。

两级电路的基本结构仍为反相器电路，工作状态符合"虚地"规则。

（1）电路静态

IC16c 的反相输入端，此时呈现 0V+（–3.3V）的输入状态，因"虚地"规则作用，0V 为无效输入，电路据 R200、R198 的比例可等效为 1/2 反相衰减器电路，输入 –3.3V，输出 1.65V（静态工作点被设置为 DSP 供电值的 1/2）。

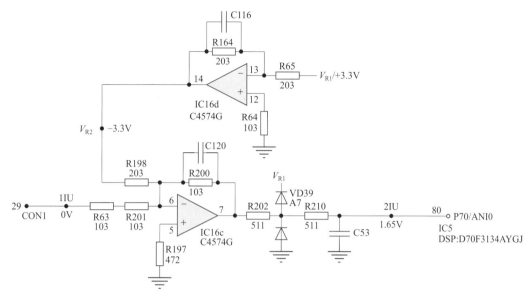

图 1-9-4　三菱 F700-75kW 变频器 U 相电流检测电路

（2）电路动态

为便于分析，假定输入信号为 ±1V 峰值的交变电压，则与 −3.3V 相加的结果，使输出电压产生了以 1.65V 为原点上、下浮动的 0.65 ～ 2.65V 的输出电压信号，变化幅度仍为 ±1V。可知此电路是电压放大倍数为 1 的反相求和电路。

9.2.4　3 种电路的总结

（1）图 1-9-2 和图 1-9-3 电路总结

① 两种电路虽然输入电压值不同，但都不约而同地将末级输出端静态工作点调整为 2.5V，显然此值为 MCU 供电电压的 1/2，如此取值是最合理的（没有之二），保障信号具有最佳动态范围。

由此看来，输入至 MCU 模拟量输入口的模拟电压静态值，基本上是可以预估的，2.5V 当然是典型并且合理的数值。

② 放大器输出端 2.5V 的建立，基准电压（−5V 或 +5V）的正常是决定因素。

（2）图 1-9-4 电路总结

同理，输入至 DSP 模拟量输入口的模拟电压静态值，基本上也是可以预估的，1.6V 左右的电压当然是典型并且合理的数值。

此为据供电电源电压，推断静态值（或动态范围）的一种判断方法。

（3）基准电压正常的重要性

如果说放大器电路是"称量数据的天平"，基准电压则是"砝码"。后者若失准，则数据全盘错误。因而在故障检修中，基准电压是否正常的重要性，远远高于对供电电源电压的要求。运放典型供电电压为 ±15V，但在 ±12 ～ ±16V 的范围内都被允许，且不会影响输出信号精度（输入信号范围一般会远低于 0 ～ ±10V，这是保障运放不会出离放大区的前提）。

对于本节电路和下述第 9.3 节电路来讲，找到基准电压电路，并使之恢复正常，是检修成功的一个关键环节，而且根据经验，检测电路（输出数据）异常，基准电压源电路发生故障的概率是较大的。

> 检修口诀可以是：先电源次基准，后信号找坏件。

9.3　单电源供电的运放电路基准的设置

先看一个来源于 ABB-ACS550-22kW 变频器的输出电流检测电路实例（图 1-9-5），是笔者据实物测绘所得。

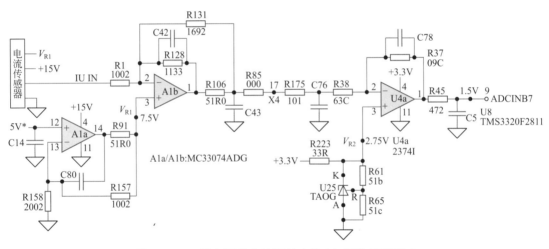

图 1-9-5　单电源供电的运放电路 V_R 基准偏置形式

以排线插座 X4 为分界点，可以方便地分为前级电路（X4 左侧）和后级电路（X4 右侧）。

前级电路：电流传感器内部电路供电和 A1 运放芯片供电，由单电源 +15V 所供给。前级电路的任务是在此供电条件和工作模式下，使 A1b 放大器的工作点（输出电压值）回到 7.5V 上，以形成最佳动态工作区。

首先 A1b（作为反相放大器）和电流传感器，都需要一个 7.5V 的基准电压的输入，作为"零信号基准"，A1a 电路即是为此而设——A1a 电路是一个 1.5 倍同相放大器，将输入 +5V* 处理成 V_{R1} 信号。

由此，前级电路形成了一级反相放大器和一个基准电压发生器的组合结构。此处的 V_{R1} 和上述反相放大器接地端 /0V 起到同样作用，是"一个东西"。

后级电路是一个基准电压源电路和一级反相衰减器的组合电路，同前级电路相似。运放芯片 U4a 与 DSP 器件共用 +3.3V 单电源，因而电路的任务，是将前级电路送来的 7.5V 信号电压，转变为 DSP 器件所能接收的信号电压（即幅度大约在 0～3V 以内的信号电压）。

由 2.5V 基准电压源电路，处理所得 2.75V 的基准电压 V_{R2}，输入至 U4a 的同相输入端，与输入 7.5V 信号电压（X4 的 17 脚）相比较，完成使输出端（U4a 的 1 脚）为 1.5V 的静态工作点设置。

同样地，此处的 V_{R2} 和上述反相放大器接地端 /0V，仍然是"一个东西"。

在这里——单电源供电的运放电路，只是把正负双电源供电的信号零基准 /0V，变成了适应单电源供电模式的信号零基准——7.5V 或 1.5V——而已，电路的工作模式和结构仍然未变，电路工作于反相放大（衰减）器的工作状态。

此处两次强调了"一个东西"，是笔者的"婆心"所在。读者朋友们，千万不要看成是"两个东西"：此基准非彼基准，但此基准和彼基准又是"一个东西"。

同时我们应该看到：运放电路能够正常工作所依赖的比较基准，往往有多种电路形式。比较也不仅仅局限于两个输入端之间，可以比较输出和输入端，如电压跟随器、一路输入的差分放大器等。从两个比较值的相同或相异上，可以分为：

① 等值比较。比较后进行处理的结果和目的，是使两个相互的比较信号电压为等值，如同相放大器的两个输入端、电压跟随器的输入端和输出端。

② 非等值比较或称为等比例比较。如差分放大器的两个输入端之间的比较、一路输入的差分放大器（输入和输出之间）的比较，为等比例的比较，两个比较信号只要符合了固定比例，则电路进入平衡状态。换言之，只有两个比较值之间符合了"应该的比例"，电路的"虚短"规则才能成立。

图 1-9-6 中（a）电路，a 点输入电压与 b 点反馈值相比较，电路的平衡状态或控制目标为 a 点电压 =b 点电压，为同值比较模式；图 1-9-6 中（b）电路，输入信号 IN1 与 IN2 相比较，电路的平衡状态或控制目标为至 N1 芯片的两个输入端电压相等为止，为非等值比较模式。换言之，当 N1 芯片的两输入端电压相等时，输出端电压变为 −4V，同时可知 IN1、IN2 信号（两个比较值）之差为 1V。更为详尽的解析，请参见第 1 篇第 10 章"恒流源电路"的相关内容。

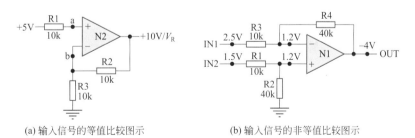

(a) 输入信号的等值比较图示　　　　(b) 输入信号的非等值比较图示

图 1-9-6　等值比较和非等值比较的电路形式示例

第 10 章

恒流源电路

前文中已述及由运放电路构成的恒流源电路，但分散于各章中，此处做个汇总的工作。常规应用运放电路是偏重于处理电压信号的，运放电路也是可以构成电流或功率放大器的。而恒流源电路是"专职处理电流信号"的电路，这么一讲逻辑漏洞就出现了：恒流源电路（甚至大功率大电流电路）其实也是基于处理电压信号的，由对电压信号的精准控制保障了对电流信号的处理！把电压和电流量截然分开的观点，是极端有害的。电路之所以为电路，电压、电流、电阻三个量是同步存在和互为依存的，由表面的一个量，应该"看出"背后的两个量，看待问题才能够全面和客观。

再如：交流和直流，也不要截然分开才好。电路的静态和动态也不要截然分开才好。电路的前级、本级和后级的联系也不要截然分开才好。理论和实践不要截然分开才好。……要"愈合"已经割裂的观念，看到电路的"全貌"才好啊。

回到正题。变频器、PLC、工控仪表等设备，用于处理 0/4 ～ 20mA 电流信号的电路，多采用电压跟随器、差分电路的形式，电路的任务是完成 *V-I* 信号的转换，这类电路又称作恒流源电路。

本章以变频器控制端子的实际电路为例，集中解析一下恒流源电路的特点。

10.1　电压跟随器结构的恒流源电路

变频器的输出端子电路中，有这样一种信号输出类型——输出为模拟电压或模拟电流，输出内容和输出方式可由参数进行设置，称为可编程模拟量输出端子。通常可设置内容有：输出电流、输出频率、设定频率、输出电压等。输出方式有 0 ～ 10V 或 0/4 ～ 20mA（由 JP1 端子选择：当 JP1 端子短接时，为 0 ～ 10V 电压信号输出；JP1 端子开路时，为 0/4 ～ 20mA 电流信号输出）。电路如图 1-10-1 所示。

10.1.1　电路工作原理简述

以图 1-10-2 电路为例，MCU 器件的 PWM 引脚输出的 PWM（脉冲占空比可变）脉冲，经反相器和 RC 滤波电路处理为 0 ～ 3V 的直流电压信号。U8-1、U8-2 的基本电路形

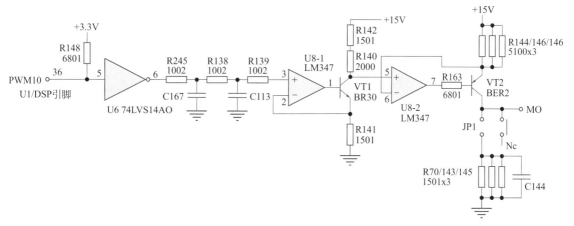

图 1-10-1　正弦 SINE300-7.5kW 变频器 0 ~ 10V/0 ~ 20mA 电路

式为电压跟随器电路，但其工作特性为恒流源电路：由电路结构可知，R3、R4 和 R5 两端的电压降是相等的，是互为"镜像"的关系：R3、R4 流过的是同一电流，故 R3、R4 的端电压降相等（据晶体管的 $i_c \approx i_e$ 可知）；R5 与 R3、R4 的端电压降又是相等的（据"虚短"规则可知）。如此设计的目的是将输入信号电压变成 R5 两端的电压降，即形成流过 MO、GND 端的电流（此电流值 = 输入信号电压 /R_5）输出。当输入电压为 3V 时，可知输出电流为 3V/150Ω=20mA。

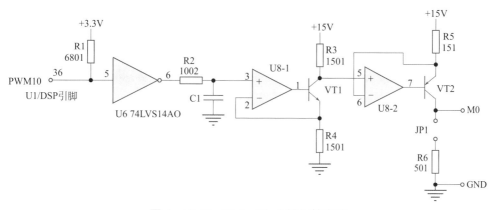

图 1-10-2　图 1-10-1 的化简电路

恒流源电路的优点是：

不挑负载。适应任何负载的说法有"夸大事实"之嫌，但负载电阻值在零至数百欧姆以内是可以有效输出的，负载电阻的阻值过大时会使放大器出离线性工作区。不怕负载端短路是真的——由 R5 决定最大输出电流，负载电路说了不算：当负载电阻变化引起输出电流变化时，R5 的电压降信号与输入信号电压相比较，据"虚短"规则可知，R3 端电压会自动回到信号电压值的原点上（输出电流值当然同时也回到原点）。

利用晶体管 VT1、VT2 之 c、e 极间导通电阻的变化，起到电压/电流调节作用，这个过程是由放大器闭环自动实施控制的，甚至不需要去关注 VT1、VT2 的工作点。只需关注 R3～R6 电阻的取值，即能得到所需的输出电流或电压值。

当 JP1 短接时，电流输出端子 MO 与电源地之间接入的负载电阻为 500Ω，R5 与 R6 流过的是同一电流（20mA），故在 MO 端子上得到 500Ω×20mA=10V 的电压信号输出。

10.1.2 图 1-10-2 恒流源电路的故障检测要点

① 电路的基本形式为电压跟随器，但需注意信号输出端并非运放器件输出端，而是 VT1、VT2 的发射极。正常状态：两输入端与输出端的电压相等（电压比较器的规则）。

② 恒流源电路的特点，即输出端不怕短路，所以（在一定范围内）改变负载电阻值，不会影响输出电流值。万用表的电流挡可以直接跨接于 MO 和 GND（地）端，监测输出电流值，做出故障判断。

③ 不方便参数修改，电路处于静态时，可将 0～3V 直流电压信号直接送入 U8-1 的同相输入端 3 脚，同时监测输出电流值判断电路的工作状态，如信号电压为 1.5V 时，输出电流值应为 10mA。否则即为故障状态。

10.2　单端输入、双端输出式差分放大器的恒流源电路

从运放电路输入、输出的结构来看，单端输入、单端输出的形式最为常见，如电压跟随器、同相/反相放大器；双端输入、单端输出的典型电路，即为差分放大/衰减器电路。作为通用型运放器件，本身并无双端输出的能力（能够用于双端输出的专用器件较少，也极少见到电路实例）。但如图 1-10-3 电路所示，在外围电路的配合下，恰恰具有了双端输出的功能，完成了对信号电压单端输入、双端输出信号电压（保障恒流输出）的任务。此种"事件"的出现，真可以用"奇妙"来形容了（原来我以为，以单端输出器件构成的电路实例，不能出现双端输出的情况，因而电路举例必然有"不完全"的遗憾）。

10.2.1 电路实例和电路化简 1、2 的深入分析

（1）V-I 恒流源电路的原电路

西川 XC2000-11kW 变频器模拟量输出端子电路如图 1-10-3 所示，DSP 器件 65 脚输出的 PWM 脉冲，经 RC 滤波成直流电压信号，再由 U28-1 同相放大器处理后（由 J5 切换

后也可直接输出电压信号），交付后级 U28-2 恒流源电路，转变成 0/4 ～ 20mA 电流信号由 AO1、GND 端子输出。

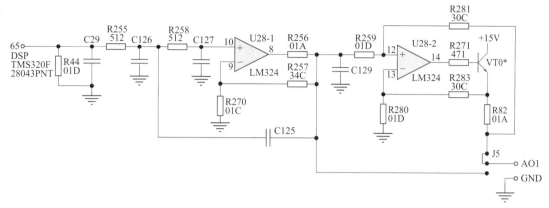

图 1-10-3　西川 XC2000-11kW 模拟量输出端子电路（原电路）

（2）化简电路及分析

图 1-10-4 中（a）电路是仅摘出图 1-10-3 电路中的 U28-2 构成的恒流源电路并进行化简的。

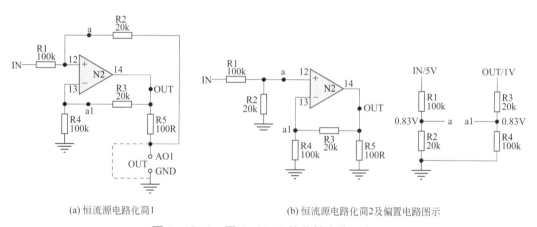

(a) 恒流源电路化简1　　　　　　　　(b) 恒流源电路化简2及偏置电路图示

图 1-10-4　图 1-10-3 的化简电路 1 和 2

从图 1-10-4 的（a）电路来看，N2 同相输入端和反相输入端的两路反馈信号取自 R5 的两端；图 1-10-4 中（b）电路是将输出端子 AO1 与 GND 短接后的偏置电路等效图示，从中更容易看出电路的差分结构：两路信号同时进入两个输入端，这是笔者视本电路为差分放大（或衰减）器的理由，虽然电路的实际输入信号 IN 只有一个。

从图（b）电路的"偏置电路图示"上看，R1、R2 和 R3、R4 两支分压回路，从电流关系上虽然互不干涉，但因 N2 芯片的"虚短"规则形成了两只独立分压电路的"互联关系"：a1 点电压值是 a 点电压值的"投影"，a 点电压"影射"了 a1 点电压，从 R3、R4 比例关系可知，OUT 端（即 R5 两端）电压为 1V。结论：电路输入 IN 电压为 5V 时，输出 OUT 电压为 1V，从电路处理电压的角度看，是 1/5 电压衰减器电路，输出电流为

1V/100Ω=10mA。可得此算式：输出电流 =（IN/5）/R_5。

（b）电路的控制过程：确立 R1、R2 和 R3、R4 两支分压回路以后，立即回到对普通差分电路的解析方法上来，此时 IN 作为基准，OUT 为调整量。为完成 a1=a 的目的，IN 和 OUT 进行动态比较，只有当 OUT 为 0.2IN 时，电路的控制目的达成。

（b）电路系将 AO1、GND 端子短接后做出的等效图示，并由此得出的数据可称之为"原点数据"。可知这些"原点数据"是根据（b）电路图示"看出来的"，而非由数学公式推导出来。

若 IN 和 R5 都不变，OUT 端输出电压和流经 R5 的输出电流值 10mA 也不会变。

从图 1-10-4 化简电路 2 来看，当将电流输出端 AO1、GND 短接进行电路化简时，电路仍可等效为单端输出模式，而且可直观看出输出电压对输入电压的衰减系数为 1/5。

10.2.2　电路化简 3 的深入分析

图 1-10-5 中（a）电路，系从图 1-10-3 实例电路中摘取输出级恒流源电路，将元件序号重新排序后的电路。若要看出电路的双端输出特性，晶体管 VT0 和负载电路 RL 的作用则不能忽略，二者形成电阻 / 电压上的互补关系。

图 1-10-5 中的（b）电路，系恒流源电路的等效图示，此图的出现，使笔者松了一口气，终于可以直观地看出电路的单端输入、双端输出的实际工作过程了。

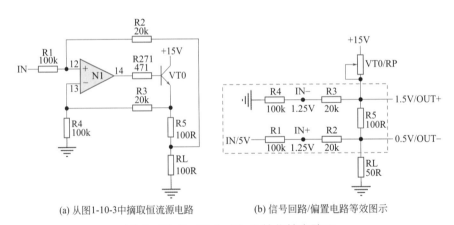

(a) 从图1-10-3中摘取恒流源电路　　　　(b) 信号回路/偏置电路等效图示

图 1-10-5　图 1-10-3 的化简电路 3

（1）输入端电路定性

输入信号电压与信号地 0V 相比较，形成信号输出。从 R_3/R_4、R_2/R_1 的关系来看，电路的电压放大器系数为 20kΩ/100kΩ=0.2，为 1/5 电压衰减器电路。

① 每个输入端都可看作为两路或输入方式：0V+OUT+ 端的反馈信号进入反相输入端；IN/5V+OUT− 的反馈信号，进入同相输入端。

② R2、R3 所提供的两路反馈信号，均为负反馈信号电压，符合单端输入、双端输出的电路特性。如果换个角度，将该电路看成 0V 和 IN 的双端输入、双端输出的差动电路，也未尝不可。

（2）输出端电路定性

电阻 R5 两端为两路负反馈信号采样点，据"反馈信号取自何处，该点即为输出端"的规则来判定，故可定义 R5 上端为 OUT+，下端为 OUT− 的输出端。故知 $V_o/V_{R5}=0.2V_i$，电路输出的电流 $=0.2V_i/R_5$。

以上分析是基于图 1-10-5 中虚线框内的电路的图示而做出的。

（3）电路控制过程

令输入电压 IN=5V，V_{cc}=15V，V_{R5}=1V，R_5=100Ω 为定量，当 RL 电阻值变大时，IN+=IN− 的平衡状态被瞬时破坏，在反馈电压控制作用下，VT0/RP 则趋于电阻值变小，从而使 V_{R5} 回到原值上，IN+=IN− 的平衡状态又得以重新建立。当 RL 电阻值变小时，VT0/RP 则趋于电阻值变大，也会使 V_{R5} 回到原值。VT0/RP 与 RL 的互补调节动作，保障了 V_{R5} 的恒定（V_{R5}/R_5 的恒定），说明电路具备恒流源特性。

> 应当看出，由 OUT+、OUT− 的变化产生的负反馈信号，对于输入端而言，相当于产生了"共模信号输入"的效果，此时起作用的 IN/5V 与地电位 0V 的差分输入，决定输出结果。在差分电路"忽略共模、关注差分"电路特性的"加持"下，只要输入信号不变，输出差分结果也不会变。

因而当 RL 变化时，VT0/RP 的调整结果，总会使电路回到 IN+=IN− 的状态上，但 IN+ 和 IN− 的电压值也会随之产生变化，但仅仅是"共模意义"上的变化，不会影响 V_{R5} 的输出结果。

当 RL 取值 50Ω 时，图 1-10-5 的偏置电路中给出了此时的"工作数据"。读者可以与 RL 为 0 时的数据相比较（参见图 1-10-4），必定会有惊喜的发现。

为了说明问题，笔者不惜事功，将原图一再化简，并给出等效偏置电路，是想使读者从"领会和体会"的角度来把握电路原理，不再仅仅是从数学的计算角度来学习电子电路。

原电路一经化简和等效，就基本上不再需要复杂的数学推导，已经"看得"清楚明白。掌握对复杂电路的化简能力，也是电路原理分析的一个基本功。

10.3　双端输入、双端输出式差分放大器的恒流源电路

10.3.1　*V−I* 转换 / 恒流源主电路及化简电路的初步分析

见到图 1-10-6 的电路实例，笔者不由感叹：应该有的电路形式（我原以为很难再碰到了），都排着队地上我这儿报到，齐活了。仅有单端输出能力的器件，在外围电路的配合下，非常巧妙地完成了双端输入、双端输出的工作任务。或者说，在恒流输出性能的要求

下，电路自然而然地具有了差分电压的双端输出功能。

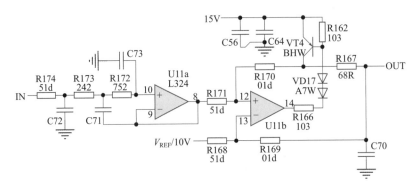

图 1-10-6　ABB-ACS550-22kW 变频器模拟量输出端子电路

仍从电路实例出发，图 1-10-6 中可看出 U11b 为差分放大（衰减）器的电路结构，输入 IN 信号与 V_{REF}/10V 形成相减式输入电路，输出结果为两信号电压之差。

摘取 U11b 电路化简为图 1-10-7 中的（a）电路，第一步将 OUT 和地短接后，据 a=a1 的关联 / 影射关系，可以做出（b）电路（偏置电路等效）的简易等效图示。

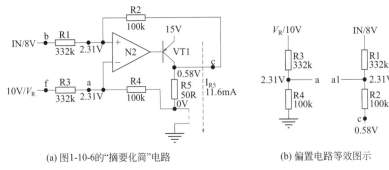

(a) 图1-10-6的"摘要化简"电路　　　(b) 偏置电路等效图示

图 1-10-7　图 1-10-6 的化简电路和偏置电路等效图示

当 V_R、IN 的值和 a=a1 都为已知时，可知 c 点输出电压为 0.58V。此时输出电流值为 0.58V/50Ω=11.6mA。本电路的电压放大倍数为 R2/R1（R4/R3），衰减系数约为 1/3。故得出输出电流值为 $[(V_R-IN)/3]/R_5$ 的结论。此为"原点数据"。

10.3.2　深度化简和深度分析

在"原点数据"基础上，分析当 RL 变化时，电路随之做出的调整趋势，只要在 V_R 和 IN 不变时，保持 R5 端电压的恒定，即能保持恒流输出。

图 1-10-8 中的（a）电路，当 RL ≠ 0 时，可将电路看成为双端输入、单端输出的差分放大器。由 R1 ～ R5 的连接关系可知，R1、R3 为两输入端信号输入电阻，R2、R4 为两输入端的负反馈电阻，R5 两端即为差分信号输出端。电路构成双端差分输入、双端差分输出的差分衰减器工作模式。

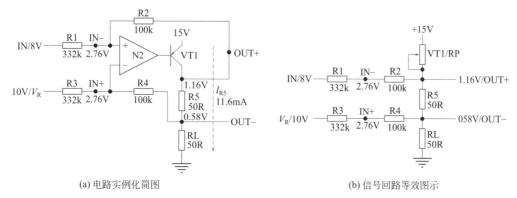

图 1-10-8　电路实例化简与等效图示

> 对 IN+、IN− 输入端而言，当 RL 变化时引起的 OUT+、OUT− 电压变化，相当于产生了共模信号的输入，故 V_{R5} 在 VT1/RP 调整作用下，将回到"原位"。

当 OUT+、OUT− 产生上升或下降的电压变化时，IN+、IN− 虽然也产生相应的电位变化，但 IN+ 与 IN− 的增量或减量总会相等，因而总是能保持 IN+=IN− 的状态，产生了对共模信号的"坚强抵制"作用，这是差分电路的结构所决定的。只有当 IN 与 V_R 信号产生电压差时，才会形成 V_{R5} 差分信号的输出。

图 1-10-8 的（b）电路，标注的是 R_L=50Ω 时的"工作数据"。

本章所列举恒流源电路，其实利用了运放闭环后恒压输出的特性，在采样信号配合下，形成了恒流输出。归根结底，运放电路的工作特性是恒压的，也可以说是近乎恒压的控制特性，从而才保障了恒流输出的性能。若无恒压能力，即无恒流输出。

电路检修特点，在第 10.1 节"电压跟随器结构的恒流源电路"中已有简述，此处再略作总结：

① "虚断"与"虚短"，仍是根本的基础性的判断依据。

② 根据恒流源电路输出端不怕短路的特性，可以短接输出端进行等效分析，检修中也可以用电流表直接测量输出电流值。

③ 在输入端施加直流可变电压，监测输出电流值是否变化正常。

④ 有多种形式的恒流源电路，仍要关注其基本电路形式，采取相应检修方法。

第 11 章

可编程放大器

所谓可编程的意义，是指用软件方法，改变硬件电路输入、输出数据甚至改变硬件电路结构。软件可以随机地参与硬件电路的工作过程，并改变其工作状态。在一定程度上，使硬件电路能"即时贯彻"设计者或设备用户的意图。

本章所述电路形式，和常规所指的 PID 电路有所不同，此点还请读者注意。

11.1　电路原理解析

如图 1-11-1 所示。

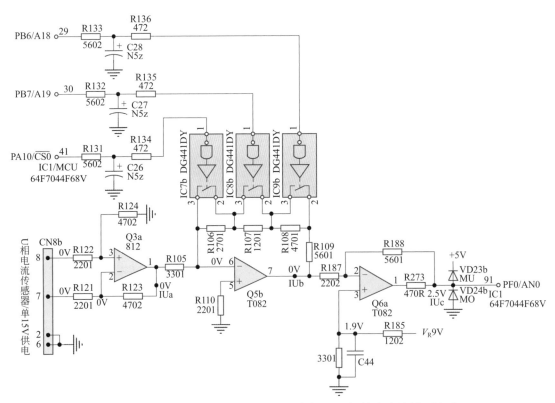

图 1-11-1　富士 5000P11-75kW 变频器 U 相输出电流检测电路

①　第一级电路。Q3a 及外围构成约 2 倍差分放大器电路，电流传感器在线（7、8 脚为等电压信号）、离线（为 0V 信号），都不影响输出结果：Q3a 的输出端 1 脚为 0V 信号，定义为 IUa。

②　第二级或中间级电路，为可编程反相放大器电路。据 MCU 的 3 个 2 进制信号，可形成"000 ～ 111"的 8 种组合控制模式，故可知 Q5b 电路可有 8 种受控放大器倍数。当 MCU 控制信号电平为"000"时，IC7b、IC8b、IC9b 等 3 路模拟开关全部闭合，反馈回路的 R106、R107、R108 被短路，电路的电压放大倍数不足 2 倍；当控制信号为"111"时，IC7b、IC8b、IC9b 等 3 路模拟开关全部关断，反馈回路的 R106、R107、R108 被串入反馈回路，电路的电压放大倍数增大为 4 倍左右。IUb 为信号输出点，也为 0V。

电路在什么情况下工作于何种电压放大倍数之下，是由设计者（软件编程者）的意图来决定的。应该是据启动过程、运行过程、加速过程、减速过程等不同的工作状态"随机匹配"其电路的工作参数的。

③　第三级或末级电路。Q6a 及外围电路构成预加 1.9V 基准电压的反相放大器。该级电路的任务，是将前级电路送来的 0V 抬升为 MCU 输入端所需的 2.5V。

11.2　电路故障检测方法

首先测量 IUa、IUb、IUc 静态电压正常，排除该电路（图 1-11-1）故障。异常时，按以下方法检修（检修的步骤和次序是灵活的）。

①　IUa 标注点若不为 0V，短接电流传感器的 7、8 脚变为 0V，第一级电路是好的，否则故障在此。

②　测 IUb 标注点，若不为 0V，故障在本级。测 Q5b 的 5 脚不为 0V（"虚断"不成立），芯片坏；测 Q5b 的 6 脚不为 0V（"虚短"不成立），芯片坏；测 Q5b 的 5、6 脚都为 0V，输出不为 0V，故障在 IC7b、IC8b、IC9b 等 3 路模拟开关电路：人为给 Q5b 施加了"输入电压信号"。

③　测电压钳位电路 VD23b、VD24b 的中点不为 2.5V，故障在此。

a. 测 1.9V 基准电压是否正常？Q6a 的 2、3 脚是否都为 1.9V？

b. Q6a 的 2、3 脚电压有较大差异，但 Q6a 芯片符合比较器规则，查外围偏置电路。

c. 连比较器规则也被破坏，则 Q6a 芯片损坏。

第 12 章

微积分电路原理及检修

是否需要先学会微积分运算（高等数学的理论范畴），才能搞明白微积分电路？很多人认为，学习微积分电路原理的难点，在于微积分的数学计算不易掌握，这也许是从起始点就走错了方向。

电容器是微积分电路中的一个关键器件，搞明白电容在电路中的具体作用，在信号作用下产生的"变身"：电容在一次充电过程中，发生了充电瞬间近乎为导线，充电过程中是逐渐变大的电阻，充电结束变为开路等数个变化。了解这些物理变化过程，才会找到打开微积分电路之门的钥匙。

12.1 积分、微分电路的基本概念

当输入信号流经如图 1-12-1 所示的 RC 电路时，因电容的充放电（时间延迟）作用，致使输出电压的性质发生了显著变化。积分、微分基本电路即 RC 电路，积分电路常作为延时电路应用，延时的长短与 R、C 值的乘积相关，称为电路的时间常数 $\tau=RC$。如果将 R1、C1 互换位置，则变身为微分电路。但电路是否具有积分或微分功能，除了电路的本身结构以外（或者说单纯从电路的结构出发，判断电路具有微、积分功能是不够的），还需要输入信号 U_i 合适才行。合适的 RC 电路，再加上合适的 U_i 信号，两个"合适"碰在一

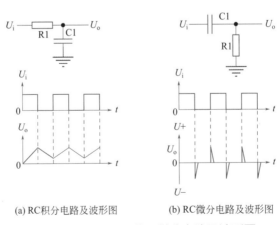

(a) RC积分电路及波形图　　(b) RC微分电路及波形图

图 1-12-1　RC 积分、微分电路及波形图

起才成啊。

如图 1-12-1 所示，可知积分、微分电路具有波形变换（加工）功能（积分电路可作为方波 - 梯形图转换器）。例如晶闸管脉冲电路，需要取出移相脉冲的上升沿作为触发信号时，即可用微分电路从输入矩形波信号中取出上升沿部分，作为触发信号使用。

（1）成为积分电路的前提条件和动作表现

需要积分电路本身时间常数 $\tau \gg$ 输入信号的频率周期，即在工作当中 C1 不会被充满，也不可能彻底放完电，输出信号幅度小于输入信号幅度。电路仅对信号的缓慢变化部分（矩形脉冲的平顶阶段）感兴趣，而忽略掉突变部分（上升沿和下降沿），这是由 RC 电路的延迟作用来实现的，能将输入矩形波转变成三角波输出。

当电路本身时间常数 $\tau \leqslant$ 输入信号的频率周期时，积分崩溃，或者电路不再成为积分电路。

积分电路原理：

因 C1 两端电压不能突变，在输入信号上升沿阶段电容器呈现"短路状态"无信号电压输出；至平顶阶段，输入信号经 R1 对 C1 充电，C1 两端电压因充电电荷的逐渐积累而缓慢上升；在输入信号的下降沿阶段，C1 通过 R1 放电，端电压逐渐降低。由 RC 电路延迟效应，达到了波形变换的目的。在此过程中，因 C1 的"迟缓反应"，"忽视"了信号的突变（上升沿和下降沿）部分。

（2）成为微分电路的前提条件

需要电路本身时间常数 $\tau \ll$ 输入信号的频率周期，即在工作当中 C1（因其容量特小）的充、放电速度极快，输出信号由此会出现双向尖峰（接近输入信号幅度）。电路仅对信号的突变量（矩形脉冲的上、下沿）感兴趣，而忽略掉缓慢变化部分（矩形脉冲的平顶阶段）。微分电路则能将输入矩形波（或近似其他波形）转变为尖波（或其他相近波形）输出。

当电路本身时间常数 $\tau \geqslant$ 输入信号的频率周期时，微分崩溃，或者电路不再成为微分电路。

微分电路原理：

① 在输入信号上升沿到来瞬间，因 C1 两端电压不能突变（此时充电电流最大，电压降落在电阻 R1 两端），输出电压接近输入信号峰值（在输出端由耦合现象产生了高电平跳变）。

② 因电路时间常数较小，在输入信号平顶信号的前段，C1 已经充满电，R1 因无充电电流流过，电压降为 0V，输出信号快速衰减至 0 电位，直至输入信号下降沿时刻的到来。

③ 下降沿时刻到来时，C1 所充电荷经 R1 泄放。此时 C1 左端相当于接地

（构成放电通路），则因电容两端电压不能突变之故，其右端瞬间出现负向最大电平（其绝对值接近输入信号峰值）。

④ C1 所充电荷经 R1 很快泄放完毕，R1 因无充电电流流过，电压降为 0V，输出负向电压信号快速升至 0 电位，直到下一个脉冲的上升沿再度到来。

在此过程中，微分电路取出了输入信号的突变（上升沿与下降沿）部分，对其渐变部分"视若无睹"。

12.2　由运放器件和 RC 电路构成的积分电路

作为积分电路，要求本身时间常数 $\tau \gg$ 输入信号的频率周期，但为了深入理解电容在信号作用下的变化，这里特别分析输入一个跃变信号（输入时间足够长，使电容充电过程足以结束）时，电容 C 充电过程中的变化和由此变化对输出电压带来的影响。

根据输入信号频率（周期），合理设置 RC 时间常数，积分电路便能完成波形转换任务。积分电路系将反相放大器中的反馈电阻，换作电容元件，便成为如图 1-12-2 所示的积分电路。

想弄明白输入信号在电容作用下是如何影响输出电压的，即电路的动作过程到底是怎么样的，得先了解电容的脾性。电容基本的功能是充、放电（电容是吞吐电流的能手，掌控能量的高手），是个储能、惰性元件。对变化的电压敏感（利用吞吐电流能力实现电压平波），对直流电迟钝（无电流可吞吐），即具有所谓"通交隔直"的工作特性。其实也可以将电容看成会变化的电阻，由此即可解开积分电路的输出之谜。

依据能量守恒定律，能量不能无缘无故地产生，也不能无缘无故地消失，而衡量能量的一个重要参数即是时间（能量的大小、有无和作用效能，一定是和时间密切相关的），由此导出电容两端电压不能突变的道理。

12.2.1　电容充电的 3 个过程和 3 种表现

（1）充电瞬间

电容的两极板之间尚未积累起电荷，故能维持两端电压为零的原状态，但此瞬间充电电流为最大，可以等效为极小的电阻甚至导线。如果在充电瞬间把电容看作是短路的，也未尝不可。比如变频器主电路中，对主电路电容要有限流充电措施，正是这个道理。

从能量和时间的角度讲，电容上的电荷不是一下子能充满的，瞬间端电压不能建立，称为"电容两端电压不能突变"，但充电瞬间，充电电流却是突变的（由零至最大）。电压的不变和电流的突变，是一片树叶的两面，要同时看到两面或两个量的变化，但两面是"一体的两面"，又不能将其截然分开。

（2）电容充电中

电容充电期间，随时间的推移，充电电荷陆续"灌入"，电容的端电压逐渐升高，而充电电流逐渐减小，也可以认为此时电容的等效电阻由最小往大处变化，在此期间，电容可等效为一只阻值逐渐变大的可变电阻。

电容的先充电（先流通电流或称先有电流），后建立端电压（或称后有电压），在电工理论上称为电流超前电压90°，说明流过电容的电流和电容两端的电压不是同时变化的，二者存在相位差，是一个矢量关系。

（3）充满电后

电容充满电（指电容端电压和充电电源等电位）以后，两端电压最高，充电电流基本为零，此时电容等效为最大值电阻，对于直流电来说，甚至可以等效于断路（或开路）状态，是无穷大的电阻了。

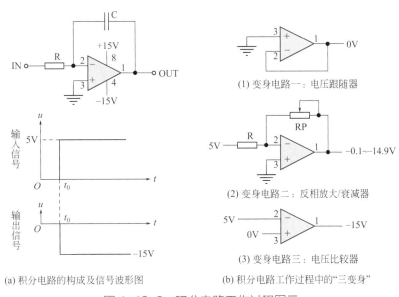

图 1-12-2　积分电路工作过程图示

12.2.2　电容充电过程中的调控作用导致放大器发生的"三次变身"

综上所述，在充电过程中，电容会等效为最小电阻或导线、等效为由小变大的电阻、等效为最大电阻或断路三个状态［正是电容的该变化特性，可以使积分电路变身为如图 1-12-2 中（b）电路所示的三种变身］，实际上在积分电路应用中，由于时间常数所限，电容不会进入电荷充满的等效断路状态，但为了说明采用电容作为运算放大器偏置电路，由电容特性导致的放大器的动态输出变化，在此特意分析在一个跃变输入信号（信号时间常数远大于电路 RC 时间常数）情况下，放大器在电容调控下实施的三次变身：

① 电压跟随器。在输入信号的 t_0（上升沿跳变）时刻，电容充电电流最大，等效电阻最小（或视为导线），该电路即刻变身为电压跟随器电路，由电路的"虚地"特性可知，输出为 0V。

② 反相放大器。在输入信号的 t_0 时刻之后的平顶期间，电容处于较为平缓的充电过程，其等效 RP 经历了小于 R、等于 R 和大于 R 的三个阶段，因而在放大过程中，在运放器件放大特性的"加持"下，其实又经历了反相衰减、反相、反相放大等三个小过程。而无论是反相衰减、反相还是反相放大，都说明在此阶段，积分电路其实是扮演着线性放大器的角色。

③ 在输入信号平顶期间的后半段，电容的充电过程已经结束，充电电流为零，电容相当于断路，积分放大器由闭环放大过渡到开环比较状态，电路由线性放大器变身为电压比较器。此时输出值为负供电值。

都说人会变脸，其实电路也能变身啊。在电容操控之下，放大器瞬间就变换了三种身份。能看穿积分放大器的这三种身份，积分放大器的"真身"就无从遁形了。

实际电路中，通常在积分电容 C 两端并联一只高阻值电阻（避免放大器偏置电流为零而使状态异常），其值应大于 10 倍的 R 取值。另外，尚有同相积分放大器电路，较为少见，仍然可用将电容等效可变电阻法进行原理性分析，此处不再赘述。

12.2.3　积分电路的检修要点（以应用广泛的反相积分放大器为例）

（1）基本电路形式为反相放大器，有"虚地"特性

静态——无输入信号时，若输入侧有正的直流电压，电路应符合电压比较器规则：输出为负的最大值。

检修中暂时短接 C（令其变身为电压跟随器），输出端电压应等于输入端电压。说明运放芯片是好的。

静态输入电压为 0V 时，电路应符合反相放大器规则（实际电路中因 C 两端并联电阻之故）：输出电压应为 0V，否则芯片是坏的。

（2）具有积分电路特性

电路 RC 时间常数较大时，可在输入端（输入电阻 R 的左端）施加直流电压，在输出端会短时呈现反向变化至最低电平的电压变化。

动态——输入脉冲正常情况下，可在输出端测得信号电压（为 0V 以下、供电负压之上的负电压）或脉冲波形。

即静态时可作为比较器或反相放大器来检修，动态时宜据输入、输出波形状态判断好坏。

12.3　由运放器件和 RC 电路构成的微分电路

12.3.1　电路特性分析

上述微分电路，当输入为矩形波时，提取输入信号的上升沿和下降沿部分，形成尖波信号输出。图 1-12-3 给出输入梯形波，"摘取上升沿和下沿降"形成矩形波输出的例子。当然，微分、积分电路是可作为多种波形的转换器电路来应用的。

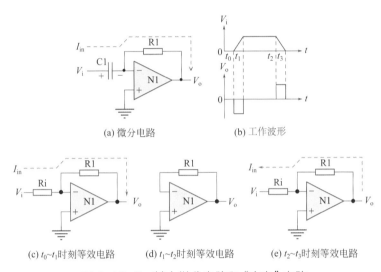

(a) 微分电路　　　　　　(b) 工作波形

(c) $t_0 \sim t_1$时刻等效电路　　　(d) $t_1 \sim t_2$时刻等效电路　　　(e) $t_2 \sim t_3$时刻等效电路

图 1-12-3　基本微分电路和"变身"电路

① 无输入信号，电路处于静态时，为电压跟随器形式（输出为 0V 地电位）。

② 动态时，在输入信号作用下，因 C1 的充、放电作用，N1 的工作状态在反相放大器和电压跟随器之间快速变身：

a. 输入信号的 $t_0 \sim t_1$ 时刻［见图 1-12-3 中的 (c)］，C1 对输入跃升的斜坡高电平信号，产生了一个经 C1、R1 近似恒流的充电电路（充电电压的逐渐升高保障了恒流式充电的进行），并在 C1 两端建立左正右负的充电电压。此时因 C1 充电电流相对稳定，C1 其等效 Ri（输入电阻）近乎不变，电路变身为反相放大器，输出负向平顶阶段的矩形波（恰为线性电压），这恰恰是由线性放大来保障的。

b. 输入信号的 $t_1 \sim t_2$ 时刻［见图 1-12-3 中的 (d)］，C1 充电完毕，等效为断路。此时 N1 变为（跟随地电平的）电压跟随器身份，输出端回归为 0V 地电位。

c. 输入信号的 $t_2 \sim t_3$ 时刻［见图 1-12-3 中的 (e)］，输入信号产生斜坡式线性突降，即 C1 左端电位线性降至地电位，由此产生流经 R1 和 Ri（C1 等效电阻）的 C1 的恒流放电电流回路，因 C1 放电电流线性之故（信号电压的线性下降导致了近乎恒流式线性放电），其等效 Ri 近乎不变，电路又复变身为反相放大器。由输入信号电流方向可知，输出为正向矩形波。若保持 τ 值不变情况下，加大 C1 的容量（同时减小 R1 电阻值），会使电路的动态放大倍数提高，输出矩形波幅度加大；反之，使输出矩形波的幅度减小。

　　综上所述，由二极管构成运放的偏置电路（担当反馈元件）时，其开、关特性会导致运放电路的两次变身；由电容作为运放的偏置电路（担当反馈元件）时，因充电瞬时短路、充电中等效电阻逐渐变大、充电完毕相当于断路（或放电时的等效电阻变化）的三次状态变化，会导致运放电路的三次变身。

　　从反馈支路元器件的物理特性来分析动态中运放电路的变身，是分析电路原理的关键所在，也是电路原理解析应该走的路子。

12.3.2　微分电路检修要点

　　① 电路静态，无输入信号时，是跟随地电位的电压跟随器，两输入端与输出端，均为 0V。

　　② 动态时，因微分输出正、负电平接近或相等，输出端直流成分为零，故动态时测输出端直流电压仍为 0V。改用交流电压挡测量输出电压时，因输出脉冲时间较短，测试脉冲电压幅度会较低。用示波器观测脉冲波形比较适宜（能观测峰值电压的幅度）。

　　随着 MCU 和 DSP 软、硬件技术的成熟，微分、积分硬件电路的应用越来越少见了，比如在变频器控制电路中，多由软件进行微积分数据的运算。但在工业控制线路板范畴以内，微分、积分电路在 PID 控制等方面，仍然还存在一定的应用领域。

12.4　在结构上一样的电路，如何区分是反相放大器还是积分电路？

　　这是一个很有意思的问题。如果电路中 R、C 的值不予标注，则可能判断为是同一种电路，如果能注意到元件取值的不同，其实是两种类型的电路。

　　如图 1-12-4 所示，反馈电阻 R2 两端并联电容，对于反相放大器来说，有抑制输出波形畸变、选通、相位补偿、消噪、降低高频放大倍数等作用，具体作用，我们暂且不去深

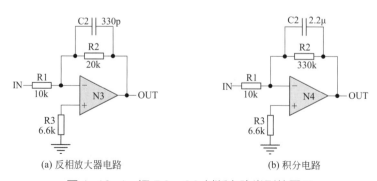

(a) 反相放大器电路　　　　　　　　　　(b) 积分电路

图 1-12-4　据 R2、C2 判断电路类型的图示

究。但对图 1-12-4 中（a）（b）电路来说，具备电路类型的判断能力，还是有必要的，对形成检修思路、采用相应检测方法、提高故障判断的准确程度都有作用。

介绍一下经验判断法：

① 从 R2、R1 的取值比例范围来看。尽管运放电路的电压放大倍数是近于无穷之大的，但实际电路应用中，设计电压放大倍数超过 10 倍的极为少见。因而 R2 接近 R1 者为反相放大器电路，R2 若为 R1 的几十倍，则为积分电路。

② 从 R2 两端并联的电容量来看。容量小者，起消噪、相位补偿等作用。换言之，电容量较小（对信号电流的影响力较小），即电阻发挥主导作用，电路结构当为反相放大器；电容量大者，信号电流"走电阻困难"，更容易经过电容的充、放电形成通路，则电路结构为积分电路。

③ 结论显而易见：R2、C2 取值都小者，为反相放大器电路；R2、C2 取值都偏大者，为积分电路。二者无论在静态和动态工作中或故障中的表现，都会有较大的差异。

提示一下，以上分析符合运放在低频或直流信号电路中的表现，传输射频、超高频信号的电路类型不在本书讨论范围之内。

第13章

认识 IC 器件

集成电路长什么样？如何备件和代换？本章以运放芯片和电源芯片两种 IC 器件（芯片）为例，来说明以上问题。

故障检修中对器件的代换，一直是众多维修同行纠结的问题。运放芯片的型号多达数千种，如果不能具备根本的代换手段，即使拿出一个小型仓库来备件，也总是被动，因为陌生一点的器件型号总会在新接手的线路板上出现，则检修者会永远处于备件不全、购备件、因备件的迟到而焦心等待的状态中。在工业控制线路板的检修中，能否很省心地解决备件的问题呢？

13.1 芯片的温度序列

任何一种 IC 器件，按应用温度范围不同，都可细分为 3 种器件，如 LM385 运放器件，实际上有 LM158、LM258、LM358 三种型号的产品，其引脚功能、内部结构、工作原理、供电电压等都无差别，仅仅是应用条件（工作温度范围）差异较大。

运放芯片：

LM158　适应工作温度 −50 ～ 125℃，军工用品（1 级）；

LM258　适应工作温度 −25 ～ 85℃，工业用品（2 级）；

LM358　适应工作温度 0 ～ 70℃，民用品（3 级）。

开关电源芯片：

UC1844A　适应工作温度 −65 ～ 150℃，军工用品（1 级）；

UC2844A　适应工作温度 −25 ～ 85℃，工业用品（2 级）；

UC3844A　适应工作温度 0 ～ 70℃，民用品（3 级）。

单看参数，LM258/UC2844A 适用于我国大陆的中原地区，若用于东北地区，温度参数有些不足（貌似不能适应 −30℃ 左右的严寒）。而 LM358/UC3844A 则仅能适用于我国的江南地区。事实上可能并非如此：产品检验中低于 2 级品参数规格被淘汰到 3 级品的器件，可能是 −20 ～ 80℃ 温度范围以内的产品，参数指标仅次于 2 级品，实际上比"规定 3 级品"的规定温度指标要超出许多的。因而即使是在工业环境应用的电气设备，电子元件的选型也有选用 3 级品的，可能原因在此。

在家电元件市场能购到的多为 3 级品，工业线路板生产厂家选配件，应首选 2 级品。航天飞机、洲际导弹和人造卫星上，肯定应该采购 1 级品。其中 2、3 级品，早期产品有较高的价格悬殊，后期至今因生产工艺水平的提升，其性能及价格差异日渐缩小，如价格差异已达 20% 以内。（价格的接近，是否已说明了性能的非常接近？）

结论：检修工业控制线路板，当然应首选 2 级品来备件，若所修设备工作于国内的中原地区，应急时也可选用 3 级品代换。

13.2　IC 器件的封装形式

（1）以 TL08x 系列运放芯片为例

如图 1-13-1 中的（a）（b）（c）所示，TL081、TL082、TL084 分别为 8 引脚单运放、8 引脚双运放、14 引脚四运放集成器件。封装形式一般为塑封双列直插和贴片双列，环列封装形式[如图 1-13-1 中的（d）（e）所示]比较少见，也较少采用。

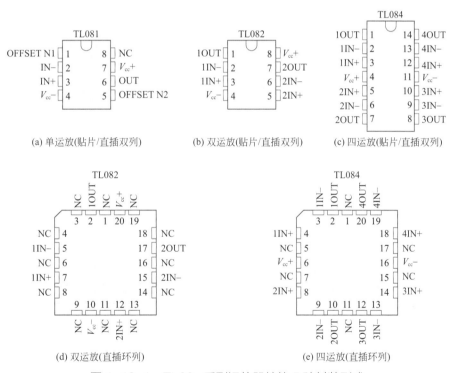

图 1-13-1　TL08x 系列运放器件的 5 种封装形式

随着技术工艺水平的进步和要求设备体积更小的需求，以及电子线路板小型化精密化要求的提高，贴片元件的应用占据主流，直插式元器件逐渐淡出人们的视野。检修中碰到的线路板，多为双面贴敷元件的两层至多层线路板（最多已达 8 层），即要求所选用芯片，易于贴敷工艺的实施和尽可能少地占用线路板面积，在此前提下，SO8/SO14 封装形式的

8 脚和 14 脚芯片，一定会得到更多的青睐。

图 1-13-1 中（b）（c）双列贴片封装的双运放、四运放结构型号产品，当具体型号不同时，只是个别工作参数有差异，引脚次序和功能都是一样的，是世界范围内通用的。而且在实际应用中，这两种形式封装的芯片在 90% 的线路板上被广泛采用。

> 结论：不论运放芯片型号有多少种，封装形式有多少种，只要记住图 1-13-1 中（b）（c）所示的引脚功能就行了（不必再上网查资料了），只要选用这两种封装形式的产品来备件也就行了。

要记住芯片引脚功能的理由是：检修中，没必要打开电脑或抱着手机查资料的，知道芯片是哪类的（运放，电压比较器，数字芯片），知道芯片的供电脚、信号输入 / 输出脚，知道测量表笔往哪落（能找出接地点），也就知道各器件的好坏了。

另外，运放芯片还有单列立插式和金属立式环列等多种形式的封装形式。其他不再列举。

图 1-13-2 中（a）的形式，是以"空间换面积"的方法，出于减小占用线路板面积的考虑而为；图 1-13-2 中的（b）形式，通常是出于为电磁屏蔽、大功率输出时以利散热等考虑而为。

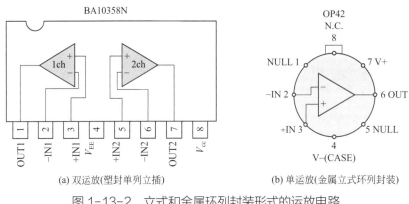

(a) 双运放(塑封单列立插)　　(b) 单运放(金属立式环列封装)

图 1-13-2　立式和金属环列封装形式的运放电路

如图 1-13-2 所列的两种类似器件，尤其像 OP42 这类芯片，适用特殊场合的特殊用途，一般较少碰到，可以据实际情况少备或不备配件，应用概率低，用时现购最经济。试图将运放器件都备齐来进行检修的计划，显然是不明智的，没有必要的，也是不可能做到的。任何事情，只要麻烦得不得了，难得不得了，费劲得不行了，也就说明：方法不对了，路子没有走通。需要换换思路了。

（2）以 UC3842B/43B 开关电源芯片为例

在检修工作中，如图 1-13-3 所示的 3 种封装形式的芯片都有可能碰到，都需要储备一定数量的备件。以应用概率来分，SOIC-8 备件数量应最大；SOIC-14 备件数量次之，PDIP-8 备用数量更次之，才能符合既不耽误检修又不浪费的经济要求。对各类器件"等量备件"的方式，有点不明智，也欠缺经济上的考虑。

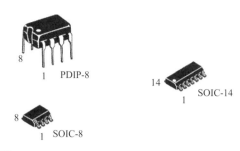

图 1-13-3 UC3842B/43B 的 3 种封装形式

13.3 芯片的性能序列

13.3.1 以 284xx 系列开关电源芯片为例

（1）1842B ← 2842B ← 3842B 的应用温度排序

上文已述，按 1、2、3 的品级排序，主要区别是允许工作温度范围的不同。

（2）2842B → 2843B → 2844B → 2845B 应用功能不同的排序

表 1-13-1 中给出四项工作参数的比较，根据开关电源的工作特点，其振荡芯片代换项，仅需从工作频率来考虑，由此可知，2842B、2843B，2844B、2845B 符合代换要求，代换成功率也高。

表 1-13-1 2842B、2843B、2844B、2845B 芯片的工作参数

型号 / 参数	起振电压	停振电压	振荡频率与输出频率的关系	最大输出脉冲占空比
2842B	16V	10V	振荡频率 = 输出频率	< 100%
2843B	8.5V	7.6V	振荡频率 = 输出频率	< 100%
2844B	16V	10V	振荡频率 =2 倍的输出频率	< 50%
2845B	8.5V	7.6V	振荡频率 =2 倍的输出频率	< 50%

（3）2844 → 2844A → 2844B 的性能升级排序

由型号后缀字母排序的先后，据相关资料可看出其性能上的"更新换代轨迹"。如 2844 工作起振电流值为 1mA，2844A/B 则为 0.5mA；2844/44A 的功耗为 1W，2844B 的功耗则为 0.86W。同价位芯片，优选"最新品种"大致是对的。若用 3844 代替 3844B 芯片，有时可能需要更改现在的电路参数，以适应其正常工作要求。如需将原 750kΩ 启动电阻减小为 300kΩ 左右，电路才能正常启动。而用 2844B 代换 2844，则无需改动外围电路的参数。

（4）型号的标注差异

KA2844，TL2844，UC2844BG，UC2844BD1，UC2844AQ，等等，不一而足的近百种标注，想登记一下，脑袋都大了。不外乎生产厂家不同、材料有异（双极型器件或

MOC 器件）、突出个别工作参数等。

> 结论，不管芯片原来是如何标注的，检修者根据电路的实际要求，知道用什么器件来代换就行了。

13.3.2　以 TL0xx 系列芯片为例

以 TL 系列双运放器件为例。双运放结构的 TL052、TL062、TL072、TL082 系列产品，若须区分后缀，则如 TL082 产品，尚有 TL082I、TL082D、TL082CN 等数种型号后缀不同的产品。

（1）TL052 → TL062 → TL072 → TL082 是简单的升级换代吗？

如题排序，既不是研制与生产的前后次序，又不能如电源芯片一般看成是"更新换代轨迹"。这需要引起读者的注意，有同行做过有趣的总结：不同厂家的同型号产品电路结构不一样，同一厂家的不同型号产品电路结构大体相同；不同厂家的同型号产品电气性能有差异，同一厂家的不同型号的产品电气性能相差不大。

如果比较其产品参数，仅仅某一两个参数（如输入失调电压或其他）有细微差异，大部分参数则大致相同或相近，不是出于电路设计需求，故障检修代换时，可以忽略此差异。如果从参数的比较角度来看，不同厂家产品和不同型号的产品，各有长处和短板，需要电路设计者综合考虑来选取。型号的不同，只是突出或弱化了某项"不需检修者考虑的功能"而已。对于检修需要注意的，如供电电压范围、输入 / 输出阻抗、通频带、带载能力等，则大致相同。

检修者第一要关注的是封装形式和安装尺寸，代换器件便于安装和焊接才成。

TL072 和 TL082 应用上比较广泛，二者选其一备件就行了。

（2）TL082A/ACP/AIP → TL082B/BCP/BIP → TL082C/CD/CM/CP → TL082D → TL082IP 序号不同

TL082CP 是一款高输入阻抗的运放，除了输入阻抗较高以外，其他指标都不算很突出。和 TL082CP 兼容性能最好的型号有 TL082IP、TL082ACP、TL082BCP、TL082AIP、TL082BIP 等，区别是后缀带有 CP 者为商业级器件（工作温度范围 0 ～ +70℃），而后缀带有 IP 者为工业级器件（工作温度范围 −40 ～ +70℃）。后缀中带有字母 A 或 B 的型号精度更高些（A 档比普通的高些，B 档的比 A 档的又高些）。

集成电路的品种型号繁多，至今国际上对集成电路型号的命名尚无统一标准，各生产厂都按自己规定的方法对集成电路进行命名。一般情况下，国外许多集成电路制造公司将自己公司名称的缩写字母或者公司的产品代号放在型号的开头，然后是器件编号、封装形式和工作温度范围。

集成电路型号命名内容：①起首字母为厂商名称缩写；②中间数字为功能类别；③数

字后字母为温度序列和封装形式。必要时，读者应学习一下有关集成电路的命名法，应用中首要考虑封装形式、安装尺寸和工作温度，其他先不用管。另外，同一系列中型号后缀字母"靠后些"的性能要优于"靠前的"，如备件选用 TL082I 比选用 TL082D 要好些。

13.4　芯片的代换问题

运放器件的型号有数千种之多，x84xx 标注的电源芯片也有近百种之多，更有相当部分器件，即使在互联网大环境下，资料的查找都相对困难。完全依赖采购原型号器件进行修复代换是不现实的，拥有全部的器件资料是不可能的，将所有器件全部备齐更是不靠谱的。维修者所能做的，是在满足修复故障为前提下的以不变应万变，以极少的配件数量来完成针对大多数故障线路板进行修复的任务。这可行吗？

很多同行一直在如何备件和不同型号之间的器件能否代换问题上纠结，导致遇有新型号器件就必然备件，而在维修过程中遭遇不同型号器件的几率又是如此之大，一旦陷入被动的境地，则备件永远也不可能备齐，则似乎每次检修都会造成因等待外购件而不能及时修复的状况。这种境遇是不能改变的吗？

打开任意一种运放的资料 / 参数表，长达数页乃至几十页，其工作参数几十项乃至近百项，而主要以外文资料为多，对许多检修者来说，不懂外文可能成为阅读资料的拦路虎。

如果工作的前提条件一定：

① 用于检测电路的小电压信号处理；②用于直流或低频的电气工作环境；③用于一般高度、温度、湿度条件的工业控制现场；④通常采用 ±5 ～ ±15V 左右的供电源，不必考虑器件本身的功耗问题。

那么，对于运放器件的代换需要满足哪些条件呢？

（1）供电电源电压范围

从器件资料上看此参数，一般运放器件的供电电压范围为 ±3 ～ ±18V。在此范围内运放均能正常工作，当然较低电压供电时，需注意信号电压的范围受限（设计者肯定已经考虑了这个问题）。生产厂家生产的芯片，为了有更大的市场占有率，也应该满足此供电电压范围，即应考虑适用供电电压范围的"通用性"。

随手摸出一个芯片装到线路板上，大致都能符合要求。

（2）功率损耗和带载能力

芯片本身工作电流约 10mA。最大带载能力约为数十毫安级。芯片处理 1 ～ ±10V 以内的信号电压，输出负载的阻抗往往较大（如某运放负载电阻值为 10kΩ），因而负载电流最大约为毫安级。此点无须考量。

（3）输入阻抗

输入电阻达 10 的 10 次方左右，此电阻的背后"藏着最大输入端电流值"的数据，若考虑运放实际电路的输入电阻（如反相输入端串联电阻为 $10k\Omega$），则无须考虑串联电阻所造成的电压降损失，基本上可以忽略对运算精度的影响。此点无须考虑。

（4）通频带

处理最高频率信号的能力，以变频器为例，检测输出电流信号时，输出载波约为 $2 \sim 10kHz$，属于低频范围。直流母线电压检测信号、温度检测信号，都为直流电压信号。仍然不用考虑会有哪种运放芯片不能胜任。

（5）封装形式和安装尺寸

芯片代换时唯一需要重点考虑的一项，封装形式和安装尺寸不对应，就无法进行焊接安装！

注意：器件工作温度范围要优选工业用品级别的。

> **如何储备运放芯片的备件，结论是：**
>
> 仅需购置 8 脚和 14 脚两种运放。若细分之，双电源运放需备 LF253 和 LF247 两种芯片，单电源运放仅需备 LM258 和 LM224 两种芯片，即能满足 90% 以上控制线路板的故障代换要求。8 脚双电源供电的运放芯片坏掉，即用 LF253 取代之，坏掉的 14 脚运放器件即用 LF247 取代之。尽量采购后缀字母序号靠后的较新的产品。
>
> **如何储备开关电源芯片的备件，结论是：**
>
> 2844B 和 2842B 两种足矣，能代换所有标注 284xx 的电源器件了。

如果拉开笔者的维修备件抽屉，可以发现备件种类并不多，笔者可以用种类上较少的几种配件，完成大量的故障元件的代换任务。日常检修工作中，笔者很少为配件不全而烦忧过。

第 2 篇

电压比较器原理新解与故障检测方法

第1章

电压比较器综述

电压比较器（也有比较器之简称）是三端元件（两输入端，一输出端），输入为模拟信号，输出为数字（电平）信号，为 A-D 接口电路。电压比较器比较两路输入模拟量电压的大小，输出数字量的逻辑判断结果。本章内容针对"开路集电极输出式"的专用电压比较器。

电压比较器的"身份"尴尬：从输入信号看，是处理模拟量的；从输出结果看，是处理数字开关量的。既非模拟电路又非数字电路，好像既具模拟电路又具开关量电路的特点。模拟电路的阵营不收它——输入为模拟量，但输出为数字开关量；数字电路的阵营不收它——理由同上。第三方阵营向它伸出橄榄枝——非线性模拟电路，非线性与模拟一词，似乎又难得统一起来，但电压比较器只能暂且安顿在这里了。

比较器有模拟和数字电路的两重特性，是集成了二者之长吗？与二者相比，各有什么特点？电压比较器的优势又体现在哪里呢？

1.1 基本电路和相关定义

电压（电平）比较器的身份定义：

电压比较器是一种用来比较两个或两个以上模拟电压，并给出逻辑比较结果（可用数字量的 1、0 来表示）的功能部件。可作为模拟电路和数字电路之间接口的一种电路，即模拟－数字转换器。

所有运算放大器，均处于负反馈的闭环状态之下。一旦处于开环，因其电压无穷大放大倍数之故，势必使其输出级处于"饱和"或"截止"的两个极端状态，而不再具备放大器的特征。但在某些应用场合，恰恰需要利用放大器开环时所表现出的这种极端状态，如将两个或两个以上模拟输入量进行比较，将两者（或两者以上）的大小分别用高电平（逻辑 1）和低电平（逻辑 0）表示，以完成电压差与数字量的转换。其输入、输出已不存在线性关系。运放电路，有时也"客串一下"电压比较器的"角色"。

如果有一种器件是专业从事输入电压比较而输出开关量结果的，该器件就叫作"专用电压比较器"，简称电压比较器，它和运放器件在电路结构上有所不同（输出级电路采用单只晶体管，开路集电极输出），在性能设计上更是有较大差异，不是同一类器件。

其实，反观数字 IC 电路（甚至所有的 IC 电路），相对于输入信号，都有一个"潜在的比较基准"，即输入侧内部都会有一个"比较器电路"的存在，如下文所述。换言之，反相器和运放电路，在某种程度上，也可以看成是比较器电路，甚至也可以"客串"比较器的工作，见图 2-1-1。

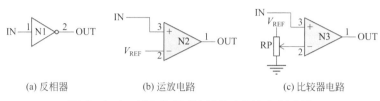

图 2-1-1　都工作于"比较状态"的 3 种电路

（1）反相器

以数字电路中的 TTL 产品中的反相器为例。反相器是如何识别输入信号的高、低电平呢？肯定有一个潜在的比较基准。器件典型供电 V_{cc} 为 +5V，当输入电压低于 1.5V（$30\%V_{cc}$ 以下，比较基准之一）时，为低电平信号输入，此时输出端为高电平状态；当输入电压高于 3.5V（或者 $60\%V_{cc}$ 以上，比较基准之二）时，为高电平信号输入，此时输出端为低电平状态；当输入信号在低于 3.5V 高于 1.5V 的范围之内，会引起识别混乱或无法识别，从而不能确定输出状态（因此在此范围内的输入电压也被称为非法输入信号，在正常工作 / 设计中是应该避免其出现的 / 被禁止的）。

初步看来，反相器具有电压回差极大的滞回比较器特性，但缺点是 1.5V 和 3.5V 两个动作阈值是"固定"的，并且在两个动作阈值中间存在"一大片"的不确定区域。

显然，数字电路仅适用于对高、低电平的识别，或者说对模拟信号的识别有很大的局限。

（2）运放电路

在比较精度要求不是很严格的场所，一般运放电路也能暂时"充任"比较器的角色。但两输入端信号电压导致输出状态翻转的差值是个离散值，其次，输出级电路更适宜工作于线性区，饱和或截止的状态不是很理想。

如 N2 芯片的反相输入端 2 脚为 2V 时，同相输入端高于 2V 的多少，OUT 变高电平呢？再就是，OUT 输出的"1"，是供电电压水平的多少呢？都很难得出确定的指标来。

（3）比较器电路

采取了特定的技术措施，专业从事电压比较"事务"的器件，即比较器。其优点如下：

① 有精确的比较动作阈值，10mV；在该阈值控制下，输出端有确定的高、低电平变化。

② 可以灵活设置比较基准点，夸张点儿说，在供电电压范围以内的任意一个点（图 2-1-1 中用 RP 来调整基准电压即为此意），都可以设置为比较基准点，如 0V 地电平、0.45V、6.8V 等，这在数字电路的应用中是无法做到的。

③ 输出端为确定的高、低电平状态，即"输出动作干脆"，所谓"轨到轨"的特性更为优良。

④ 专用开路集电极输出型比较器，可以实现多路输出端并联输出，这是运放电路根本无法做到的。

⑤ 根据输入信号的幅度和极性要求，可以灵活选取芯片供电电源电压，如 ±15V、±12V、±5V，或单电源供电，如 +15V、+10V、+5V、+3.3V 等。

⑥ 据后级电路的供电电压幅度和对输入信号的幅度要求，本级比较器可以灵活设置输出端上拉电压。如可以选取后级电路供电电压作为输出端上拉电压，而不必与芯片供电采用同一电源电压，使输出电平值与后级电路输入端产生电压幅度上的"无缝对接"。

> 总而言之，比较器在应用中具有三个灵活优势：可以灵活设置基准电压；可以灵活选用供电电源；输出端可以灵活选取上拉电压并达到并联输出模式。而这些优势是其他电路所不能取代的，这是电压比较器独立于模拟和数字电路以外存在的意义。

1.2　提出新符号和简要定义

1.2.1　初识电压比较器

电压比较器内部含输入级、中间放大器和输出级电路，我们需要掌握的是输入端和输出端之间的关系，由此分析电路原理、找到故障诊断方法。如前述，运算放大器开环应用时，即为（不太精确的）电压比较器，但放大器的比较特性并不理想。专业的设计和专业的性能需要由专业器件来保障，在应用到电压比较器的场所，大多还是采用专用的电压比较器。其中，集电极开路输出级（又称 OC 门输出级）型专用电压比较器的应用尤为广泛，在工业控制线路板电路中，通常用到的为 14 脚（四比较器）和 8 脚（双比较器）两种器件，封装形式见图 2-1-2。其代表器件型号为 LM239、LM293，引脚功能见图 2-1-3。这里专就这两种器件进行工作原理上的解析。

| DIP-8 | SOP-8 | DIP-14 | SOP-14 |

图 2-1-2　常用 LM293/393/2093/3093、LM339/239/2039/3039 电压比较器的 4 种封装形式

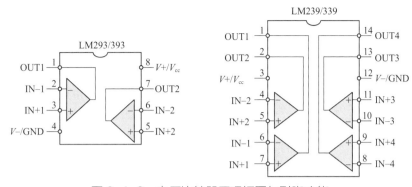

图 2-1-3　电压比较器原理框图与引脚功能

8 脚比较器同 8 脚运放器件引脚次序和标注是相同的。14 脚器件略有不同，输出端集中在 1、2、13、14 脚，供电端为 3、12 脚。剩余脚为输入端，其中奇数脚为同相输入端，偶数脚为反相输入端。其引脚功能是不难记忆的。

电压比较器的供电脚特意标注为 $V+/V_{cc}$、$V-/GND$，说明其电源供给是较为灵活的，可以单电源供电，如 +5V 或 +12V、+15V 等，也可以双电源供电，如 ±15V、±12V 等。

1.2.2　建立电压比较器的新符号

（1）电压比较器符号及基本电路

同运放原理的新解一样，将输出级电路搬到经典电压比较器符号的外部（新符号），再进而确定两输入端和输出端（或输出级）的对应关系，为分析工作原理提供方便，见图 2-1-4。

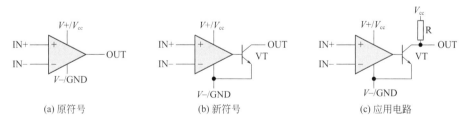

(a) 原符号　　　　　(b) 新符号　　　　　(c) 应用电路

图 2-1-4　电压比较器原符号、新符号与应用电路

从原符号［图 2-1-4（a）］看，电压比较器为三端元件，即两个输入端，一个输出端。其输入、输出的关系为：

当 IN+ > IN- 时，OUT 端为高电平"1"；

当 IN+ < IN- 时，OUT 端为低电平"0"。

这也是作为电压比较器原理及故障判断的一个根本原则。

从新符号［图 2-1-4（b）］看，当 IN- > IN+ 时，内部输出级晶体管 VT 导通，输出端相当于与供电电源的负端短接，因而输出低电平"0"，此低电平可能为 0V（单电源电压供电时），也可能是 -15V（正、负双电源电压供电时）。

因电路为开路集电极输出形式，故在输出端加上拉电阻 R，以形成高电平"1"输出 [见图 2-1-4（c）]。

从应用电路 [图 2-1-4（c）] 看，当 IN+ > IN− 时，内部晶体管 VT 截止，OUT 端变为高电平。此时高电平的幅度完全取决于上拉 V_{cc} 的电平幅度（这是因为后级电路的输入端不取用电流，只需要电压信号输入，故不会在 R 上形成明显的电压降）。如 V_{cc} 为 +5V，电路输出高电平则为 +5V；如 V_{cc} 为 +15V，电路输出高电平则为 +15V。

此处输出端上拉电阻所接电源 V_{cc}，既可以是电压比较器芯片的供电电源，也可以是（共地的）另外的电压级别。作为模 - 数转换（接口）电路，为适应数字（或 MCU 器件）的供电电源要求，电压比较器输出端经上拉电阻 R 接 +5V 电源（DSP 器件，上拉电阻则接入 +3.3V 电源正端）。

（2）输出端电路形式

当比较器供电为 ±15V 双电源，或输出端上拉电源为 +15V，而输出端又要与后级 +5V 供电数字电路相连接时，输出级外围电路就要妥善地处理前后级电路电平衔接的问题了。

电压比较器的后级电路为 MCU 芯片时，MCU 对输入信号有 2 项要求：

① 输入信号幅度不大于 +5V；

② 因 MCU 为单电源供电，不要负的输入信号。

图 2-1-5 中（a）电路，比较器供电为 +15V，输出端上拉电阻 R 接 +5V，实现了前后级信号电平的自然对接，无须采用输出电平钳位等相关措施。

图 2-1-5 中（b）电路，比较器供电为 +15V，输出端上拉电阻 R 也"顺便接入" +15V，电路的高电平输出幅度超出后级电路的承受能力，故增设钳位二极管 VD1，将输出高电平钳位在 +5V 电源电压附近。由电路构成可知，当 IN+ > IN− 时，输出端变为高电平，由 VD1 的钳位作用，使输出端电压为 +5V+VD1 的导通管压降（一般约为 0.6V）≈ +5.6V。

图 2-1-5 中（c）电路，比较器供电为 ±15V 双电源，输出端上拉电阻 R 接 +15V。电压输出端的高电平为 +15V，而低电平为 −15V，二者都不符合后级电路的输入电平要求。一般采用添加 R2 限流电阻和 VD1、VD2 二极管的方法，对输出端电压进行双向钳位（限幅）。将电压比较器输出的 ±15V 高、低电平钳位成 −0.6 ～ +5.6V 左右的电压信号（换言之，即将输出电压钳位于 0V 和 +5V 的供电电源电压范围附近）。

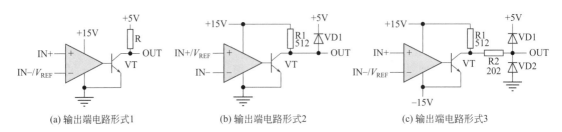

(a) 输出端电路形式1　　　　(b) 输出端电路形式2　　　　(c) 输出端电路形式3

图 2-1-5　电压比较器输出端电路形式

由图 2-1-5 可看出：

① 输入信号既可进入反相输入端，也可进入同相输入端。

② 比较器可以单电源供电，也可以双电源供电。单（正）电源供电时，不能输入负的信号电压。

③ 因其供电形式不同，除决定输入信号的极性外，其输出级外围电路也有相应差异。

④ 通常输入的基准电压不为 0V，是一固定不变的电压。输入信号端电压与基准端电压相等的概率极低，两输入端都为 0V 的状态也极少见（除非特殊需要），因而两输入端在大部分时间内是有电压差的。

第2章

电压比较器的常用电路形式

根据电路结构和功能用途的不同，电压比较器可分为"点"（单值）比较器、"段"（迟滞）比较器、梯级比较器和"片"（窗口）比较器四种基本形式。其他形式则为此四种形式的组合应用或"变相应用"。分述如下。

2.1 基本电路形式——"点"（单值）比较器

输入信号与一个设置"电压点"相比较，得到逻辑输出结果，通常称之为单值比较器。

见图 2-2-1 典型电路，其基准（比较）电压 2.5V，系 +5V 经 R1、R2 串联分压取得，送入比较器 N1 的同相输入端，输入信号由反相输入端输入。比较器的典型动作翻转电压为 10mV，即电路的动作灵敏度为 ±10mV。

输入信号和 2.5V 基准电压相比较，IN=2.51V 及以上时，OUT 端变为 0V 低电平；当 IN=2.49V 及以下时，OUT 端变为 +5V 高电平。输入电压是和 2.5V 这个"电压点"相比较，电路具备较高的灵敏度和比较精度。

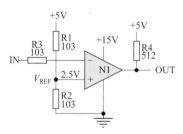

图 2-2-1　点（单值）比较器典型电路

在给出比较器故障判断的方法之前，要先行给出电子电路故障检测的总原则：

① 先软件后硬件（针对 MCU 或 DSP 系统电路）；

② 先电源后信号（针对硬件电路）；

③ 先两端后中间（针对信号传输电路）。

再落实到图 2-2-1 的具体电路：

① +15V 电源、+5V 电源正常（及上拉电阻 R4 正常）；

② 2.5V 基准电压正常；

③ 不符合比较器原则，比较器坏。如 IN+ ＜ IN-，OUT 端仍为 +5V，说明 N1 芯片已坏。

2.2　"段"（滞回 / 迟滞）比较器

输入信号与一个"电压段"相比较，得到逻辑结果输出。

系统的灵敏度和稳定度永远是一对不可调和的矛盾，设计者"两害相权取其轻"，在其中取得折衷方案，以牺牲一定程度的灵敏度来换取一定程度的稳定度。而有时，过高的灵敏度恰恰是有害的，是控制系统所不能允许的，需要添加正反馈支路，使比较器的翻转特性由"点"比较过渡到"段"比较，提升电路的稳定程度。

如温度控制电路，控制灵敏度过高（如 ±1℃），则会造成加热功率部件不必要的频繁通、断电，严重降低控制部件寿命，引发高故障率。通过增加温度信号回差的方法降低控制灵敏度，如将灵敏度控制在 ±5℃ 或更大的范围以内，既能满足工艺要求，又保障了系统可靠性和稳定性。

图 2-2-2 中的（a）电路，添加 R4 正反馈支路，将输出信号"微量"反馈回输入端，使电路由比较 2.5V 这个电压"点"，变成"2.5V+ 正反馈量"这个"电压段"。反馈的目的是人为增大信号回差（在比较器输出端为高电平时，相当于"垫高"了输入信号电压），而使其输出端翻转动作滞后，电路灵敏度降低。

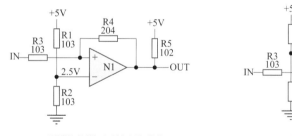

(a) 迟滞比较器正反馈电路形式1　　　(b) 迟滞比较器正反馈电路形式2

图 2-2-2　"段"（滞回 / 迟滞）比较器的电路构成形式

假定电路初始状态是 IN- ＞ IN+，则 OUT 端为低电平状态；当输入信号电压上升使 IN ＞ 2.5V 时，电路输出状态翻转，OUT 端变为高电平，此时输出端 5V 经 R4，形成流向输入端的电流，使输入信号在 2.51V 之上又"垫加"了正反馈量，这样一来，电路的动作翻转电平由原来的"2.5V（±10mV）"这个"电压点"，扩展为"+2.5V+ 正反馈量"这个"电压段"了。

图 2-2-2 中的（b）电路，为避免输出端为低电平时正反馈支路对基准电压的影响，在

R4 反馈支路中串联了 VD1 二极管，利用其单向导电特性，实现了有选择的滞回比较。当输入信号高于基准电压时，输出端为低电平，此时基准比较电压为一个固定值（不受输出端电位的影响）；当输入信号低于基准（又称整定）电压时，正反馈支路实现了对整定 / 比较信号的"抬高"作用，从而使"点"比较器变身为"段"比较器，起到了降低灵敏度、提高稳定度的作用。

　　"点"比较器和"段"比较器，是比较器电路中的两个基本电路，其他电路形式则是在此基础上的扩展性应用。

2.3　梯级电压比较器电路

　　输入信号与多个（两个或两个以上）"电压点"或"电压段"比较，得到程度不同的多个逻辑判断结果。

　　图 2-2-3 中 N1、N2 两片比较器和外围器件构成了梯级比较器电路。具有一个输入端、两个基准（整定值）电压、两个输出端（代表着两个事件或一个事件的两种程度）。

　　输入信号电压与 3.3V 和 6.6V 两个基准电压相比较，当 IN ＞ 3.3V 时，OUT1 变低电平，表示发生了事件 1（或事件发生的程度较轻）；当 IN ＞ 6.6V 时，OUT2 变低电平，表示发生了事件 2（或事件发生的程度较重）。该电路如用于过载保护，则 OUT1 为轻度过载故障信号，OUT2 为重度过载故障信号，后级电路对两种信号的重视程度和处理措施是不一样的。

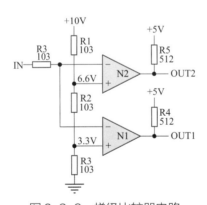

图 2-2-3　梯级比较器电路

　　如果输入信号和三个基准电压相比较，则会产生"轻""中""重"等三个结果输出，称为三梯级型电压比较器。兹不举例。

2.4　"片"（窗口）比较器电路

　　输入信号与一个"设定范围"相比较，得到一个逻辑判断结果。

　　本电路有两个基准比较端，整定值分别为 +5V 和 -5V。由电路结构可知，只要 +5V

> IN > −5V，换言之，只在输入信号在 +5 ～ −5V "该片范围"之内，电路就会维持原态（或称静态）的高电平输出状态。反之，IN 信号要么高于 +5V，要么低于 −5V，只要出离了"该片范围"，N1（或 N2）的输出端即会翻转，变成低电平状态。

该电路功能具有实际应用意义，如对电机接地故障的检测，不必区分是正半周或负半周接地，只要有接地故障产生，即产生报警动作；如用于工作电压监测，则可方便地限定一个"安全范围"，在此范围内相关设备可正常工作。显然在此处比较"一片范围"和比较一个"点"或"段"，前者更具合理性。

图 2-2-4 的"片"比较器，既可以从 N1、N2 的输入端输入一路信号，进行与设置范围的比较 [如图 2-2-4（a）电路所示]，也可以接成如图 2-2-4（b）电路所示的两路信号输入模式，但输入信号 IN1 与 IN2 须有关联关系，例如分别代表交变信号的正、负半周，亦起到与设置范围相比较的作用，输出逻辑判断结果。从其电路结构可以看出：

① 输入端（高阻输入）可以并联，即多组比较器可以共用一路信号。

② 输出端可以并联。因输出级独特的电路结构，可以直接并联输出（由 R5 限流作用不会导致 N1、N2 内部输出级电路的损坏）。方便了对多路相关信号"集约化处理"，节省了后级电路的 I/O 口。

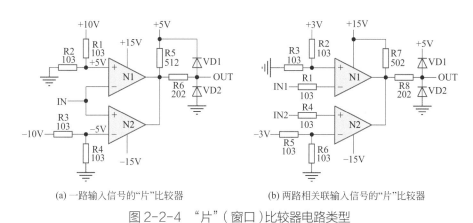

(a) 一路输入信号的"片"比较器　　　　　(b) 两路相关联输入信号的"片"比较器

图 2-2-4 "片"（窗口）比较器电路类型

2.5 具有"双重身份"的比较器电路——梯级比较器和窗口比较器的组合电路

有关联性的两路（或两路以上）输入信号与"区域设置"及"梯级设置"相比较，输出两路（或两路以上）有关联性的、程度不同的开关量信号，称为组合电路。

图 2-2-5 是根据一个实际三相电流过载检测电路简化所得，由前级电流互感器来的三相交变电流信号 UI、VI、WI，经 VD01 ～ VD03 桥式整流后，分四路送入 N1 ～ N4 等四路电压比较器电路。

电路结构分析：

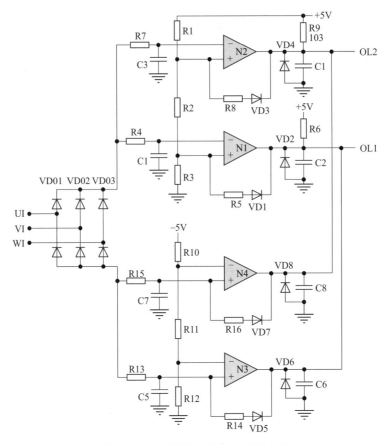

图 2-2-5　"双重身份"比较器电路

① 从输入端并联关系看：由 N1、N2 构成梯级电压比较器电路；由 N3、N4 构成梯级电压比较器电路。前者处理整流后的正半周过载信号，后者处理整流后的负半周过载信号。以前者为例，基准电压由 +5V 经 R1、R2、R3 分压后取得，R5、VD1 和 R8、VD3 为正反馈支路，电路为迟滞比较器模式。VD2、VD4 为输出电压负向钳位二极管。

② 从输出端并联关系看：N1、N3 构成窗口电压比较器，处理 OL1（轻度过载）信号；N2、N4 构成窗口电压比较器，处理 OL2（重度过载）信号。电路只注重电压幅度（是否过载），而不再区分正、负半周信号。

③ 从电路的根本特征看：电路仍然为四路具有相对独立性的迟滞电压比较器电路。如果进一步可以忽略掉正反馈带来的"微弱"影响，图 2-2-5 仅为四路"点"比较器而已。在线诊断故障，仅需测量两个输入端电压的孰高孰低与输出端的逻辑电平是否对应，按比较器规则来判断好坏，就足够了。

第 3 章

比较基准的设置和来源

3.1 基准电压电路

电压比较器的两个输入端均有作为信号输入或基准电压输入的选择权，将同相输入端作为基准电压端，反相输入端即为信号输入端，反之亦然。

基准电压通常由以下几种方式生成，如图 2-3-1 所示（以下图例将电压比较器恢复为常规符号）：

① 直接由 +5V（或 ±15V）电源经电阻分压取得；

② 由专用基准电压源或三端稳压器取得；

③ 由运算放大器生成；

④ 由 MCU/DSP 控制生成的可编程基准电压。

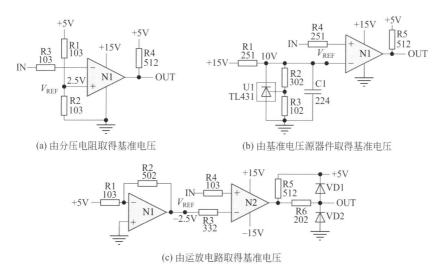

(a) 由分压电阻取得基准电压   (b) 由基准电压源器件取得基准电压

(c) 由运放电路取得基准电压

图 2-3-1　电压比较器基准电压的来源

如图 2-3-1 所示，2.5V 的基准（比较）电压可由供电电源经电阻分压取得，亦可由基准电压源或三端稳压器取得更为精准的基准电压［如图 2-3-1（b）中的 10V］。图 2-3-1 中的（c）电路，是由运放 N1 取得 −2.5V 基准电压后，送入电压比较器 N2 的反相输入端作为比较基准的。

电压比较器电路，对基准电压电路投入的设计精力有时候比对信号传输电路投入的精力还要多，如图 2-3-2 电路实例所示。

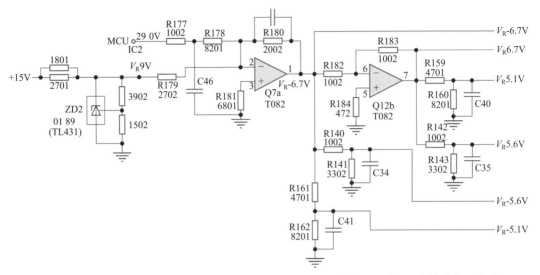

图 2-3-2　富士 FRN200P11S 变频器故障检测比较器电路所需的 6 路基准电压电路

图 2-3-2 基准电压电路结构和原理的简述如下。

① 2.5V 电压基准源 IC 器件 ZD2 和外围限流电阻、输出电压采样电路等构成 V_R9V 的"电压总基准"，输入至反相求和电路 Q7a 的反相输入端。

② Q7a 的反相输入端同时还输入由 MCU 的 29 脚来的控制电压（静态为 0V）信号，而该基准电压电路因有软件数据的参与，也可称之为"可编程基准电压源电路"。当 MCU 信号为 0V 时，Q7a 为反相衰减器电路，故其静态输出电压为 V_R−6.7V。

③ 经 Q12b 反相器电路处理后，共形成 V_R6.7V、V_R−6.7V，V_R5.6V、V_R−5.6V、V_R5.1V、V_R−5.1V 3 组共 6 种基准电压，送入（可预测）三窗口 / 梯级混合的比较器电路，与输入信号比较，从而在电路输出端形成 3 种"程度不同"的故障报警信号。

3.2　由电路形式预判正常输入信号的电压幅度和范围

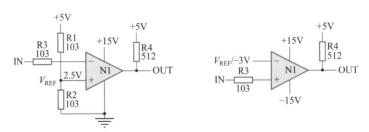

(a) 单电源供电和基准电压为 2.5V 的电路　　　(b) ±15V 供电和基准电压为 −3V 的电路

图 2-3-3　由电路形式预判输入电压幅度和范围

判断输入信号电压幅度和范围的总体原则是：输入信号电压和范围不能超出器件的供电电源电压范围，否则易产生异常电流导致器件损坏，或使器件产生输出动作错误。

图 2-3-3 的（a）电路中，已知器件为单电源供电，故不宜输入负的电压信号；已知同相输入端的基准 / 比较电压为 2.5V，故可推知正常信号电压应为 0 ～ 2V 左右。若测输入电压值＞ 2.5V，则为引发输出状态翻转的异常信号；若测输入电压为负值（或远远高于2V），则直接可以判断前级电路工作异常（处于器件损坏的故障状态）。

图 2-3-3 中的（b）电路，已知器件为 ±15V 供电，则允许正、负信号电压输入；又知反相输入端预置基准 / 比较电压为 −3V，则可推知由前级电路来的正常信号电压范围应为0 ～ −2.5V。若测输入电压远低于 −3V，应为故障动作电压；若为正电压信号输入，则可推知前级电路已经处于故障状态。

更由图 2-3-3 中两种电路结构可知，如果将输出端的"1"（+5V 高电平）和"0"（0V低电平）定义为"正常"和"异常（或故障动作）"，或定义"常态"和"故障动作态"，则知在电路静态和非故障动作态，输出端为高电平；在故障报警动作状态或电路故障状态，输出端为低电平。

注意 !!!

国产变频器电路中，电路的一般表现往往为：电压比较器的输出端为"1"，为"常态 / 静态 / 正常态"；输出端为"0"时，为"动作态 / 动态 / 故障态"。但也不排除可能"反向为之"的电路设计法，故检修者需根据实际情况做出较为准确的判断。

第4章

电压比较器的在线鉴别及故障诊断

4.1 在线鉴别比较器和运放器件的方法

从外观形态、引脚数量，甚至供电电源上，比较器和放大器真的是非常近似。在线路板上如何区分这两种器件呢？分析如下。

（1）器件型号

这是最直捷、最准确的方法。通过元件印字，查知型号资料。

当印字为代码，或资料查证困难时，器件型号也不能提供鉴别的方便。

（2）供电电源

运放电路的典型供电是 ±15V，但也有单电源 +15V、+5V 供电的应用情况。

比较器电路的典型供电是单电源 +15V，但恰巧也有 ±15V 双电源和 +5V 单电源的应用情况。

单从供电极性和电压级别上容易混淆。

（3）供电引脚

8 脚双运放器件和 8 脚双比较器器件的供电引脚位置是一样的。

14 脚器件：运放的供电脚在器件中心，即 4 脚和 11 脚；比较器的供电脚位于中心偏左，即 3 脚和 12 脚。这也可以当作其一鉴别参考。

（4）输出端

运放输出级内部电路为电压互补式两管模式，无须加上拉电阻；开路集电极输出型比较器，输出级内部为单管接地模式，须加上拉电阻得到高电平信号输出。若在输出端有接供电电源正端的上拉电阻，则可作为其二鉴别参考。

另外，运放电路的输出电压是对输入信号的线性（放大或衰减）输出，与输入信号幅度有关；比较器输出端的电压状态，仅为高（对应上拉电源正端幅度）、低电平（信号地或输出端钳位电平）两种状态。可作为其三鉴别参考。

（5）输入端

运放电路两输入端的电压差为 0V，即等电位（称之为"虚短"规则）。

比较器的两个输入端之间有明显电压差（基准电压不随输入信号而变化或在正反馈影响下仅有微量变化），两输入端之间无电压差的概率极小。可作为其四鉴别参考。

（6）反馈支路

运放电路在反相输入端和输出端之间，必接有负反馈支路。

比较器无负反馈支路，或接有正反馈支路，但反馈电阻的阻值较大，一般为百千欧级。可作为其五鉴别参考。

盖言之，若不能依据型号鉴别电路类别时，则明显鉴别项为输入端、反馈支路、输出端和供电引脚（仅适用 14 引脚器件）。若综合各项，则鉴别准确率上升。其中有无反馈支路和输入端是否有电压差是重要的两项。而且仅从此两项，也基本上能得到准确的判断。

4.2　比较器的检修思路和方法

4.2.1　检修思路

① 电路的动、静态。一般来说，通常将输出端的高电平状态作为初始状态，低电平状态作为动作状态，也称为动作 / 故障标志。但这仅就一般设计思路来说，可能会有另外与之相反的情况：低电平为初始状态，高电平才是动作状态。电路规则是一定的，但电路构成（形式）和对信号的处理又是灵活多变的。

故障检测，通常是将电路"应有的静态"进行复原，使之表现正常，则其动态表现也会随之正常化。

② 多路输出端并联时检修中的注意事项：构成窗口比较器的输出端并联模式（其他形式的比较器电路也可能会接成多输出端并联模式）需在检修中注意，多级比较器输出端并联时，任一组（错误）的输入信号超出设定值，或任一组比较器的损坏，都会影响到"公共的"输出结果。故输出端电位异常时，需要检测每一路输入信号后再做出准确的故障判断。

③ 除供电电源正常是第一要素外，基准电压的正常是第二要素，基准电压电路的故障发生率较高。若测量两个输入端都为 0V，则极可能是基准电压已经丢失，须检查基准电压产生电路，直至使之恢复正常。

④ 不符合比较器规则，输出端为 0V 时，须检查上拉电阻是否断路、上拉电源电压是否正常后，才判断芯片是否坏掉。

⑤ 输入信号电压与范围超出芯片供电电源电压范围，可能造成输出误动作！可判断前级电路故障并修复后，再检测本级电路的好坏。

4.2.2　检测方法

（1）按"虚断"规则落实芯片好坏

　　"虚断"规则并非运放电路的专利，在此透露一个"秘密"——所有 IC 器件的输入端都有近乎"零电流输入"的"虚断"特性，如数字电路乃至 MCU、DSP 器件的输入端，检查器件的好坏皆适用此规则：只要输入端产生了电流流入或流出的现象，则说明该器件输入端内电路已经坏掉，此为故障检修中的一个"分析利器"。电压比较器也是如此。

　　比较器电路的输入端回路，若不与正反馈支路发生联系，则输入电阻两端正常电压降应为 0V，若有明显电压降，则说明芯片坏掉。

　　以图 2-4-1 中 N1 芯片及外围电路为例，用"虚断"规则分析故障的方法如下：

　　① 若 R1 两端出现明显电压差，确认 R1 的阻值正常，即说明 N1 的反相输入端有了"电流流入或流出"的现象，"虚断"规则已经不成立，结论是 N1 芯片坏掉。

　　② 测 R2、R3 分压点不为 2.2V，查 R2、R3 的阻值正常，说明 N1 芯片的同相输入端"干涉"了电阻分压，"虚断"原则被破坏，N1 芯片坏掉。

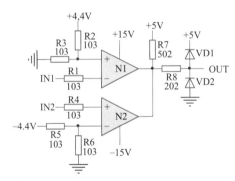

图 2-4-1　比较器电路故障分析例图之一

（2）输出端出现"非 0 非 1"状态时的故障判断

　　电压比较器输出端的正常状态，为"非 1 即 0"，非为高电平即为低电平，若为"非 0 非 1"电压状态，可根据输出端电压钳位电路中限流电阻 R8 两端的电压降是否正常，来判断故障在本级或后级电路。图 2-4-1 电路中，正常时，OUT 点电压应为 +5V 或 −0.6V。若测得 OUT 点为非正常电压，故障原因如下：

　　① 测得 N1、N2 输出端电压为 2.8V（不高于上拉电源所提供的 +5V），OUT 端电压为 1.2V，即 R4 两端产生了明显的电压降，检查 VD2 是好的，说明有电流经 R8 流入了后级电路输入端，可判断后级电路故障。

　　② 测得 N1、N2 输出端的电压值为 +8V，高于上拉电源所提供的 +5V，故障为芯片输出端与供电端产生漏电所致，N1 或 N2 芯片坏掉。

③ 测得 N1、N2 输出端电压为 2.8V，但测得 R8 两端电压降为 0V，说明此故障为芯片输出端与负供电之间产生了漏电回路，N1 或 N2 芯片坏掉。

④ 当芯片输出端上拉电源与芯片供电取自同一点时（如图 2-4-2 所示），可分析限流 / 隔离电阻 R8 两端的电压降来区分前、后级电路的故障。

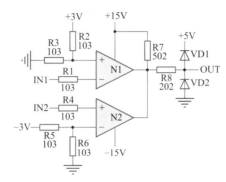

图 2-4-2　比较器电路故障分析例图之二

图 2-4-2 中电路，因芯片供电 / 上拉电源与二极管钳位电源电位的差异，正常与异常状态中，R8 两端都会产生一定的电压降，故障时分析电压降的具体值，可判断故障发生在本级或后级。

a.N1、N2 芯片输出为"1"时 R8 两端的正常电压降：假定 VD1 电压降为 0.5V，则可知 R7 和 R8 两端总电压降为 +15V−5.5V=9.5V，R_7+R_8=7kΩ，9.5V/7kΩ ≈ 1.36mA，则可知 V_{R8}=1.36mA×2kΩ=2.72V，即 N1、N2 输出端正常电位为 5.5V+2.72V=8.22V，OUT 点正常电位为 5.5V。

b.N1、N2 芯片输出为"0"时 R8 两端的正常电压降：假定 VD2 电压降为 0.5V，则可知 R7 和 R8 两端总电压降为 −15V−(−0.5V)=−14.5V，即 N1、N2 输出端正常电位为 −15V，OUT 点正常电位为 −0.5V。

c. 当 OUT 端电位即非 +5.5V，又非 −0.5V 时：

（a）据输入端比较结果，N1、N2 输出端应为"1"电平，但实测 OUT 端电压为 1V，测 R8 两端电压降为 4V，大于正常电压降 2.72V，在线测 VD2 无漏电现象，判断故障为后级电路输入端对地产生漏电故障造成信号电压异常。

（b）据输入端比较结果，N1、N2 输出端应为"1"电平，但实测 OUT 端电压为 1V，测 R8 两端电压降为 2V，小于正常电压降 2.72V，测 N1、N2 芯片输出电压为 3V，检查上接电阻 R7 和供电电源电压均无问题，判断本级电路故障。判断故障为芯片输出端对负供电端漏电造成输出电压降低。

（c）据输入端比较结果，N1、N2 输出端应为"0"电平，但实测 OUT 端电压为 +5.6V，测 R8 两端电压降为正常电压降 2.72V，判断故障为 N1、N2 芯片输出级晶体管开路，导致无 −15V 低电平信号输出。

（d）据输入端比较结果，N1、N2 输出端应为"0"电平，但实测 OUT 端电压为 4.3V，测 R8 两端电压降为右正左负，说明由 OUT 端向芯片输出端产生了电流的反向流动。在线测 VD1 无异常，判断故障为后级电路输入端对正供电端产生漏电故障造成信号电压异常。

第 5 章

电压比较器的应用特例

第 4 章给出了电压比较器的四种电路形式和组合应用一例。电压比较器用于振荡电路的例子虽然不多，但可能会碰到，本章给出两个示例，作为故障检修中的参考。

5.1　10V 基准电压发生器电路

如图 2-5-1 所示，是两组电压比较器与两只晶体管及其他元件搭成的 10V 基准电压源电路。N2 及外围电路构成电压调整电路；N1 及外围电路构成输出过流保护电路。

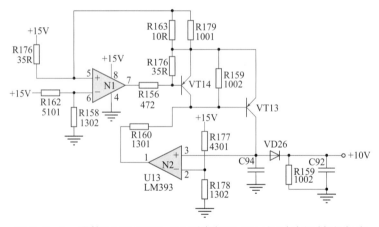

图 2-5-1　易能 EDS1000-37 型变频器 10V 调速电源输出电路

工作原理简述如下：N1、VT14 为输出过流保护电路，R162、R158 分压约 10.8V，即 R176 两端最大允许电压降 15V−10.8V=4.2V（最大限流为 4.2V/35Ω=120mA），当 +10V 过载电流达 120mA 以上时，N1 输出为低电平，VT14 导通"短接了" VT13 的发射结，使 VT13 基极偏置电流变为零，电路处于 VT13 截止（过载保护）状态。

N2、VT13 等电路构成 +10V 稳压调控电路，R177、R178 分压约 11.3V，在 N2 的比较控制作用下，VT13 集电极电压必然稳定在 11.3V 左右，经 VD26 隔离（约有 0.8V 电压降），+10V 端子电压实际输出电压约为 10.5V。N2、VT13 工作于开关状态，随机比较 N2 的 2、3 脚电平高低，当 3 脚高于 2 脚时，VT13 趋于截止，反之，VT13 趋于饱和，由此

实现 +10V 端子电压的稳定。

虽然 N2 有 R160 的闭环回路，但电路处于比较中的开关状态，说明这是一个"开关型"基准电压发生器，与常规基准电压源电路有较大的差异。

5.2　驱动电路的供电电源电路

如图 2-5-2 所示，电路由 N1、VT1*（原无标注，笔者自行标注者加 * 示意）、VT2* 振荡级，VT3*、VT4* 功率放大 / 推动级，T1*、T2* 开关 / 输出变压、整流滤波电路构成。

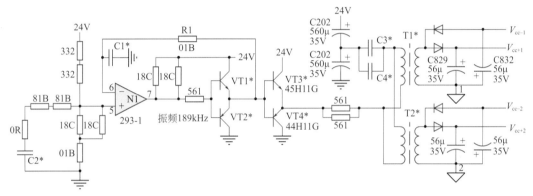

图 2-5-2　海利普 HLP-SJ110-30kW 变频器驱动电路的供电电源电路

工作原理简述如下：N1 电压比较器的 5 脚由串联分压电路取得基准电压信号，上电瞬间，N1 的 5 脚电压高于 6 脚，输出端 7 脚为高电平。因而 VT1* 导通，驱动 VT3* 导通，T1*、T2* 中流过上正下负的电流；同时 C1 经 R1 充电，在 VT1* 导通期间 C1 端电压逐渐建立，至 C1* 充电电压 /N1 的 6 脚电压高于 5 脚时，电路进入转折点。

此时 N1 输出端变为低电平，因而 VT2* 导通，驱动 VT4* 导通，T1*、T2* 中流过下正上负的电流；同时 C1* 所储存电荷经 R1、VT2*/VT4* 泄放到地，至 C1* 充电电压 /N1 的 6 脚电压低于 5 脚时，电路进入转折点——VT1* 导通，C1* 开始充电。由此引发电路的循环振荡，T1*、T2* 的输出能量经整流滤波处理，形成驱动电路所需的正、负供电电源电压。

5.3　故障检修思路

① 从直流角度看，图 2-5-1 中 N2、图 2-5-2 中 N1 电压比较器，因其工作于开关和振荡模式，测两输入端直流电压"恰恰应该是相等的"，若有不等，说明工作状态不对。

这与上述的"输入信号端电压与基准端电压相等的概率极低，两输入端都为 0V 的状态也极少见（除非特殊需要），因而两输入端在大部分时间内是有电压差的"结论似乎有了

"冲突"。

上述结论是在相对稳定的直流电压比较状态（静态比较中）下得出的。而本章电路的工作特征有了"质"的变化，属于"特殊需要"的另类，是工作于振荡状态（动态比较中）的，因而两输入端更接近"虚短"状态。

可见，大部分结论都有因时因地因事因势而异的特点，学习中切忌"囿于成见"，所谓"一叶障目，不见泰山"。

② 检测如图 2-5-2 中 N1 相关电路，显然示波表比万用表更具优势，不仅仅是对脉冲波形的捕捉（说明电路已经振荡），还有对振荡频率的监测——电路的正常与否一定要和工作频率挂起钩来：如若出现 R1 和 C1 变值的故障，电路固然能"正常振荡"，但振荡频率的过高或过低，都会导致故障状态的出现。

频率过低时，因 T1*、T2* 的感抗变小，导致过流、烧毁 VT3*、VT4* 功率管等可能；频率过高时，T1*、T2* 的感抗变大，会导致流过 T1*、T2* 的电流过小，输出能量骤减，引起输出电压变低的故障。

依赖万用表检测，又会陷入"疑难故障，代换试验"的怪圈了。"怀抱一块万用表打天下"的豪情，是时候应该让位于"让专业的人干专业的事"的高效率实干了。

第 3 篇

模拟电路故障的诊断与检测

第1章

小试牛刀：简单点的模拟电路
——温度检测电路

电压、电流、温度等模拟量的检测、处理、传输、转换等，是模拟电路的典型作业范围。其中，运放器件和电压比较器，是模拟电路"队伍中的主力军"。

有了以上关于运放/比较器原理的解析和检修方法的理论性铺垫，再本着由浅入深先易后难的原则，本章先就变频器电路中的（功率模块）温度检测电路，给出具体的电路实例，读者可由此进入"实战演练"阶段，借此提高对电子电路的分析能力。

由运放构成的检测电路，不一定就是多么复杂的电路；复杂的检测电路，也是由一级一级的单元电路所构成的。

诚然，将某电路"孤立"出来，进行原理解析与故障检测的"推演"，不算是最好的办法，但也算是获得知识的途径之一。因为一旦涉及实际的电路故障检修，一定会"附带"上更多的东西——对设备系统构成的了解、相关工作参数的设定、其他内部或外部的因素等，更多综合因素和多种工作条件的"聚和"，才是检修工作真正得以实施的基础。

书本上给出的东西往往具有"单一性"，而实际工作却具有"整合性"。真正工业线路板检修能力的"养成"，需要融合更多书本以外的东西（比如下功夫把焊接技术练好，把设备的调试掌握好），也需要读者将正在阅读中的本书的各个章节有机地"联系起来"。

本章中的检修，突出了"在线""上电"状态中的检修特点，在线上电，检测关键点电压值，判断故障所在。在线上电是最佳的故障检测条件——电路早已搭好，电源已经接入，通过测量电压，让故障于（万用表）笔端显现。

本章以 8 个故障实例，传递着模拟电路故障的可检测、可修复的信息。

实例 **1**

运放芯片影响了分压值："虚断"规则已经不成立
——宝德 BEM200 型 3.7kW 变频器，上电报 E.OH 故障

< 电路构成 该例温度检测电路的构成比较有代表性，由分压电路取得温度检测信号，再由电压跟随器送至 MCU 引脚。温度变化转变成 RT 的电阻变化，从而使 RT、R100 分压点电压值随温度变化而产生线性变化，此信号表征着 IGBT 模块温度的高低。电路构

成见图 3-1-1。

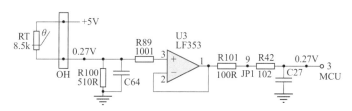

图 3-1-1 宝德 BEM200 型 3.7kW 变频器 IGBT 模块温度检测电路图

故障分析和检修 图 3-1-1 中信号电压值的标识，为修复后对正常信号的标记。

检测过程如下：

① 测 RT、R100 分压点为 3.8V。测 RT、R100 阻值正常，正常分压应为 0.27V。此 3.8V 是从何而来？

② 进而测电压跟随器的输入电阻 R89 两端有明显电压差，即 U3（LF353 运放器件）输入端不再符合运放器件的"虚断"规则——正常运放器件的输入端应该是"既不流入电流，也不流出电流"的状态才对，故 R89 两端应当为零电压降。

故障表现为运放输入端向外部电路流出电流，"虚断"不成立，运放坏。

代换 LF353 器件，上电显示与操作正常，故障排除。

 小结

运放器件的基本规则有四字："虚断""虚短"。若此规则不成立，则运放芯片已坏。惜乎大部分人规则（原理）背得滚瓜烂熟，但不知实际应用。

判断运放器件的好坏，无它，四字而已。

实例 2

也许"虚断"不成立是运放芯片损坏后常见故障
——CVF-G3 型 11kW 变频器上电显示故障代码 Er.11

故障表现和诊断 查 CVF-G3/P3 系列变频器使用手册，所报故障代码意为"变频器过热"，其检修重点指向 IGBT 模块温度检测电路。

电路构成 变频器的 IGBT 温度检测电路是结构比较简单的一个电路，构成电路的元器件数量往往不超过 10 个，顺一遍跑一下，用不了多少时间的。电路如图 3-1-2 所示。

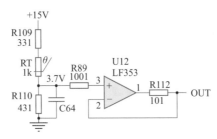

图 3-1-2　CVF – G3/P3 型 IGBT 温度检测电路

故障分析和检修 运算放大器最为根本的两大规则：一是"虚短"，闭环状态下两输入端的电压差为 0；二是"虚断"，输入端电流为 0——输入端既不流出电流，也不流入电流（不会影响外部偏置电路——串联分压电路的分压值）。关于"虚短"，和芯片的内、外部电路均有关联。而"虚断"，是更为直接地将故障所指投注于芯片本身。而一旦在输入端产生了电流流入或流出的行为，仅有一个结论：运算放大器已经坏掉。

上电面板显示模块超温报警代码。检查模块温度检测前级电路，是较为简单的电压跟随器电路，据串联电阻值粗略估算，U12 的同相输入端电压值约 3.7V。现实测为 8.2V，查 R109、RT、R110 的阻值均正常，而分压点的高电位是因 U12 的 3 脚有电流向外流出（干扰了电阻串联电路的正常分压）所致的。U12 芯片本身的"虚断"特性已经不能成立。判断 U12 已坏。更换后故障排除。

实例 **3**

处理模拟信号也不一定就会用到运放芯片
——ABB-ACS550 型 22kW 变频器温度控制检测电路

故障表现和诊断 运行中有时报"电机过温"故障，并且报警时间间隔越来越短，以至于无法正常工作而送修。运行中的过热报警，与以下因素有关：

① 环境温度偏高，如食品加工车间，温升达 40℃ 以上。可以想见，满载运行中的变频器功率模块，其散热环境恶劣，功率模块的温升易达报警值。

② 功率模块散热器风道阻塞，风扇运转不良，或 IGBT 功率模块固定螺栓松动，涂覆导热硅脂失效致热阻变大等。

③ IGBT 模块温度检测电路本身异常，正常温度下误报过热故障。

故障分析和检修 检查并落实上述①②项，清洁散热风道等。上电运行中还报过热故障。检查第③项，电路构成相对简单，如图 3-1-3 所示。

室温下测量 IGBT 功率模块内部的温度传感器的电阻值，约为 6kΩ，其检测电路分压值应为 1.6V 左右。实测仅为 1.2V 左右，比正常值偏低。测 R58、R225 无异常，怀疑 C45

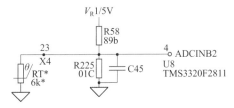

图 3-1-3　ABB-ACS550 型 22kW 变频器 IGBT 模块温度检测电路

漏电，拆掉 C45 后，测 R58、R225 分压点电压恢复为 1.6V，用手头 0.47μF25V 贴片电容代换 C45，装机试运行正常。

实例 **4**

当电压跟随器的输出电压不等于输入电压时
——康沃 FSCG 型 4kW 变频器上电显示 ER11 故障代码

❮　**故障表现和诊断**　查机器的使用手册，意为"变频器过热"故障。落实机器通风情况和散热风扇运转状态，及功率模块安装情况，均无问题，故判断故障在模块温度检测电路本身。

❮　**电路构成**　电路构成如图 3-1-4 所示。

U11-1 电压跟随器可看作"电压伺服电路"，能输出稳定的 3.7V 基准电压，不随负载大小而变化（当然在放大器的最大输出能力之内），为 RT 和 R76 分压（温度检测）电路提供基准电压，以保障温度检测信号的精度。RT 为功率模块内部的温度传感器，图中标注 6k 为环境温度为 20℃ 左右时的电阻值（标准室温下的标准电阻值约为 5kΩ）。模块温度变化引起 RT 的阻值变化，从而导致 RT 与 R76 的分压值（象征功率模块的温度信号）变化，此信号再经 U11-2 电压跟随器处理，送往 MCU 主板。

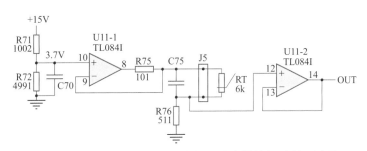

图 3-1-4　FSCG 型 4kW 变频器功率模块温度检测电路

❮　**故障分析和检修**　检测 R71、R72 分压点（即 U11-1 的同相输入端）3.7V 正常，测 U11-1 的输出端 8 脚输出电压为 11V，电压跟随器的工作特征已被破坏，判断 U11 芯片坏掉，代换后故障排除。

 小结

电压跟随器是输出端电压与输入端相比较，二者相等为电路正常状态。输出≠输入，故障在此了。

实例 5

看似复杂，其实简单的检测电路
——富士 5000G1S-55/75kW 变频器上电报 OH3 故障

故障表现和诊断 富士 5000G1S 系列变频器，其 OH（变频器内、外部过热）报警内容较多：

① 内部散热板温度过高（50℃以上）或过低（−10℃以下）检测内容，另外还可能与风扇运转状态检测有关（若为两线式风扇，则一般不设检测功能）。以上报警序号为 OH1 或 OH3。

② 外部报警——THR 设置：电动机绕组内部埋设开关式温度继电器（温度正常范围以内为常闭点输出），当因电动机工况异常导致内部温升达一定值时，温度继电器动作，此超温信号经变频器的 X 输入端子馈入变频器内部，"外部报警"代码为 OH2。

检修过程中，因各种控制连线被拆除，会造成检测条件的被破坏导致上电即产生报警动作。如 OH2 报警，如果未详细阅读使用手册，很可能会将其当作一般的过热故障来检修，结果会是劳而无功。

变频器的检修和参数设置密切相关，有些"故障"可以通过调整和修改参数得以修复。

屏蔽"外部报警"故障的方法：

①"外部报警"时可从数字信号公共地引线，逐一短接 X1 ～ X9，至 OH2 报警解除。

② 如果手头有使用手册，可将已设置为"外部报警 TRH"功能的端子，重新设置为另外的功能，而暂时取消此功能。注意，机器修复后，需恢复原设置。

③ 出厂时，若默认某端子如 X4 为"外部报警 TRH"功能端子，当 X4 与 CM 端子之间的短路导线被操作人员人为断开时，也会导致机器上电报 OH2 故障。可重新将 X4 与 CM 之间的导线连接好，即屏蔽了 OH2 报警。

请参考图 3-1-5 控制端子图及 X1 ～ X9 端子功能设置表，进行相关操作与设置。

经过以上初步检修，并采取了 OH2 报警屏蔽措施以后，上电报警 OH1 或 OH3（此时变频器内部并未有实际的过热故障发生），判断故障出在 IGBT 模块温度检测电路。

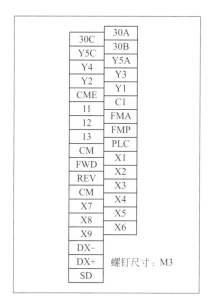

设定值	功能
0,1,2,3	多步频率选择(1～15步)[SS1][SS2][SS4][SS8]
4,5	加减速时间选择(3种)[RT1][RT2]
6	自保持选择[HLD]
7	自由旋转命令[BX]
8	报警复位[RST]
9	外部报警[THR]
10	点动运行[JOG]
11	频率设定2/频率设定1[Hz2/Hz1]
12	电机2/电机1[M2/M1]
13	直流制动命令[DCBRK]
14	转矩限制2/转矩限制1[TL2/TL1]
15	商用电切换(50Hz)[SW50]
16	商用电切换(60Hz)[SW60]
17	增命令[UP]
18	减命令[DOWN]
19	编辑允许命令(可修改数据)[WE-KP]
20	PID控制取消[Hz/PID]
21	正动作/反动作切换(12端子，C1端子)[IVS]
22	联锁(52-2)[IL]
23	转矩控制取消[Hz/TRQ]
24	链接运行选择(RS485标准，BUS选件)[LE]
25	万能DI[U-DI]
26	启动特性选择[STM]
27	PG-SY控制选择(选件)[PG/Hz]
28	XXXXXXXXXXXXXXXX
29	零速命令[ZERO]
30	强制停止[STOP1]
31	强制停止[STOP2]
32	预励磁命令(选件)[EXITE]
33	取消转速固定控制(选件)[Hz/LSC]
34	转速固定频率(选件)[LSC-HLD]
35	设定频率1/设定频率2[Hz1/Hz2]

注：E01～E09中未设定数据代码者，表示其功能不作用。

图 3-1-5　富士 5000G1S-55/75kW 变频器控制端子图及 X1～X9 端子功能设置表

电路构成 应故障检修所需，将温度检测电路的前级电路测绘如图 3-1-6 所示。

图中，CN18 为两路传感器的输入端子，Q1-1 运放芯片及外围元件构成 7V 基准电压发生器电路，提供温度检测电路所需的比较基准电压。

（1）传感器断线检测电路

基准 7V 电压经 R467、R466 分压，得到一个噪声容限水平较高的电压值，作为电压比较器 Q6-1、Q6-2 的同相输入端的比较基准，当两路传感器正常连接时，传感器和 R462、R461 分压，使输入至 Q6-1、Q6-2 的反相输入端的电压值低于同相输入端的比较基准，输出端 13 脚和 2 脚保持高电平输出，说明传感器已正常接入 CN18 端子。

当传感器脱开或断线时，Q6-1、Q6-2 电压比较器的反相输入端电压高于同相输入端的比较基准，比较器输出端变为低电平，将传感器断线故障信号馈入后级电路。

（2）温度检测模拟信号传输电路

从传感器和 R462、R461 分压点，得到两路温度采样信号，分别送入 Q1-2 和 Q1-3 两级电压跟随器电路，处理后送往 IC20 电路和 IC21 电路，再处理后送 MCU，用于模块工作温度显示及超温报警。

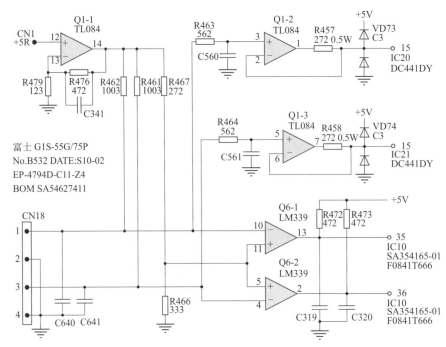

图 3-1-6　富士 G1S-55/75kW 变频器温度检测电路

 故障分析和检修　测量比较器 Q6-1 的输出端 13 脚电压时，不禁怀疑万用表的表笔是否有断线现象：测量值一会儿为 5V，一会儿又没了——变为 0V。检查了表笔线，没有问题。才发现电阻 R472 被人焊接过，观察前检修者的焊接技术有点糟糕：电阻两端堆锡过多，但表针拨动电阻，居然是动的！重新补焊后上电测 13 脚电压值，为稳定的 5V，试机运行正常。

💡 小结

故障检修无小事儿。因虚焊原因造成的返修率还真不低。费老大劲儿查出故障，换新元件后，却因焊接技术欠佳，为短时间内的再次返修埋下伏笔。这对维修声誉也是一个损失，希望借此能引起广大维修界人士的重视。

实例 6

不要让外围电路牵连运放芯片
——艾瑞克 E700 型 45kW 变频器上电报过热故障

待机状态下报过热故障，基本上可确定故障来源，即 IGBT 模块温度检测电路。通常，该电路构成相对简单，大部分仅为固定电阻和温度传感器构成的分压电路，得到采样信号送 MCU，或经电压跟随器处理后再送 MCU，这是一路模拟电压信号。

检测中可由传感器的测量电阻值和分压电路电阻值，估测信号电压值，若偏差过大，即故障在此。

另外根据维修经验，集成电路芯片的故障率要高于电阻元件，对于运放器件，可用"虚短""虚断"四字诀快速判断其工作状态。

艾瑞克 E700 型 45kW 变频器功率模块温度检测电路如图 3-1-7 所示。本例故障，测 U13-1 的 3 脚电压为 1.3V，低于分压电路 2.7V 的计算值。故障其一：U13-1 损坏，将采样检测信号电压拉低。但测 U13-1 的 1、2、3 脚电压相等，符合电压跟随器的工作特征。故障其二：R27、R61（并联温度传感器）、C6 等温度采样电路有问题。怀疑 C6 漏电造成采样电压降低，拆除 C6 后测 U13-1 的 3 脚电压值恢复正常。用 0.47μF 贴片电容代换 C6，试机正常，故障排除。

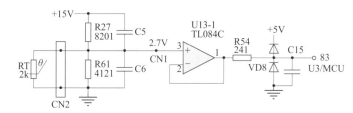

图 3-1-7　艾瑞克 E700 型 45kW 变频器功率模块温度检测电路

实例 7

开关信号和模拟信号"混搭"的温度检测电路
——台达 VFD300B43A 型 45kW 变频器上电报过热故障

> **故障分析和检修**　机器原为驱动电路和 IGBT 模块损坏故障，修复后上电报 OH（过热）故障。模块温度检测与风扇控制电路如图 3-1-8 所示。

本机电路特点：风扇工作状态检测信号与温度检测信号经过光耦合器 DPH3 "揉和"在一起，需将温度检测与风扇工作状态检测，共 3 个点同时屏蔽，才能解除 OH 报警动作。

检测过程：

① 因 IGBT 模块不在线，找一只 5kΩ 电阻临时焊在温度传感器 TH 插座上，以满足后续温度信号处理电路的检测条件，仍报 OH 故障。

② 发现散热风扇插座为三线式（图 3-1-8 中的 DFAN1 和 DFAN2 端子），具有风扇运行状态检测功能，暂时将两端子的 R00 与 GND 端短接，以"制造风扇正常运行信号"，仍然无效。

③ 检测电压跟随器 DU6 的 8、9、10 脚电压值不等，不符合电压跟随器的工作特征，判断 TL074I 芯片损坏，代换芯片后故障排除。

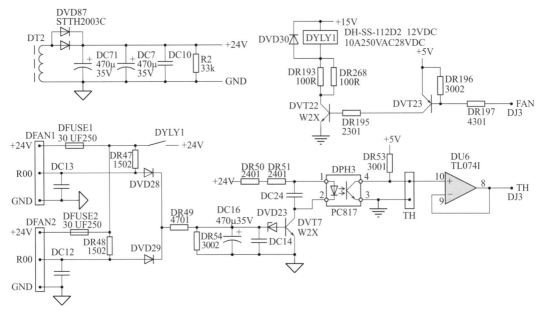

图 3-1-8　台达 VFD300B43A 型 45kW 变频器模块温度检测与风扇控制电路

 小结

　　一个报警信号产生于多个检测点，同时屏蔽多个点，才能消除报警信号。当多路检测信号指向同一个报警内容时，要考虑多个检测点对报警的影响。

实例 8

传输模拟信号偏偏不用运放！
——汇川 MD300 型 5.5kW 变频器上电误报 Err14 故障

故障表现和诊断　查 MD300/MD300N 用户手册，Err14 故障代码意为：①模块过热；②散热风道阻塞；③环境温度过高；④风扇有损坏。其指向是机器产生了"超温"报警动作。但此变频器并没有带载运行，机器内部也没有大的热量散发现象，显然这是一例错误的"超温"报警故障，应该先行检查 IGBT 模块温度检测电路。

电路构成　常见 IGBT 模块的温度检测电路，多是由模块内部或外部温度传感器（多为负温度系数热敏电阻）与电阻串联形成对 +5V 的分压电路，从而将温度变化信号转变为电压信号，直接或经电压跟随器处理后送入 MCU 引脚。检测信号为模拟电压信号。

汇川 MD300 小功率机型的模块温度检测电路，由温度传感器和 555 时基电路构成无稳态（又称多谐振荡器）电路，3 脚输出脉冲的低电平宽度，代表着温度信号。由后级电路经 RC 滤波后获得温度检测信号电压。如图 3-1-9 所示，为一例 D-A 转换电路，实现了用普通光耦合器传输模拟信号的目的。这是传输模拟信号的一个电路特例。现将其工作原理略述如下。

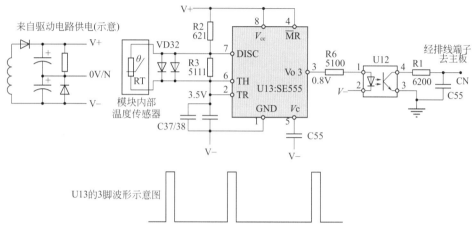

图 3-1-9　汇川 MD300 型 5.5kW 变频器模块温度检测电路图及输出波形图

C37、C38 充电时间由 R2、VD32 决定，时间常数较小，对应 3 脚输出脉冲的平顶宽度；C37、C38 的放电时间由 RT、R3 的并联值所决定，时间常数较大，对应 3 脚输出脉冲的低电平宽度，故温度变化导致 RT 阻值变化，RT 阻值变化导致芯片 3 脚输出矩形脉冲低电平宽度的变化。RT 为负温度系数热敏电阻，其值变小时，C37、C38 放电速度加快，芯片 3 脚输出低电平时间变短，说明温度在上升。此脉冲再经光耦合器 U12 隔离反相后，送后级电路。图 3-1-9 中所测数据为电路修复后室温约 30ºC 时测量值，供参考。

故障分析和检修　图 3-1-9 中 SE555 时基电路芯片，电路模式为无稳态——多谐振荡器电路，正常工作的特征是：

① 2、6 脚脉冲电压（示波器测为三角波）接近于供电电源电压的 1/2。

② 3 脚输出为矩形脉冲，其直流电压测量值与脉冲占空比即 R2×C37/38 和 RT/R3×C37/38 的时间常数相关，本例电路，因充电时间远小于放电时间，故芯片 3 脚输出高电平比例较小，测得直流电压应较低，为 0.8V。

依据以上检测基准，上电测试 U3 芯片的工作状态，测 3 脚为直流 4.8V 输出（示波表测无波形），判断 U13 损坏，代换 NE555 芯片后，上电显示与运行均恢复正常。

 小结

将温度检测电路，作为一个独立的小单元，先跑电路，后上电检测。据其工作特征判断其好坏。

第 2 章

也不算复杂：直流母线电压检测电路

运放芯片的表现不讲道理
——微能 WIN-9P 型 15kW 变频器遭雷击后报 LU 故障的修复

> **故障表现和诊断** 一台微能 WIN-9P 型 15kW 变频器，用于恒压供水控制，正常工作中遭雷击致损坏。故障表现为，上电显示开机字符后，接着显示 LU 故障代码（意为欠电压）。细听，无充电继电器闭合声音，散热风扇也没有运转。初步诊断为母线直流电压检测电路故障。

> **电路构成** 直流电压检测信号的取出主要有两种形式：一是从开关电源的次级绕组，间接取得直流电压检测信号；二是由直流回路的 P、N 点经电阻降压后直接取得，由后续线性光耦合器或运算放大器处理后，输入至 MCU 引脚。新型变频器电路以前者应用为多，因其电路结构简单，信号与控制电源共地，在信号处理上更为简便。

该机型直流母线电压检测信号，直接采样直流母线 P、N 端，经电阻分压衰减后送第一级差分（衰减）器，变双端输入为单端输出后，再经反相放大器处理为约 2.9V 的信号电压，送往 MCU 主板。图 3-2-1 所标识各点电压值为修复后的信号电压正常（实测）值。

由差分放大器的偏置电阻取值来看，该级对输入信号的衰减系数约为 1/200，即输出电压应为 -2.5V；第二级反相放大器的电压放大倍数约为 1.15 倍，故输出电压值为 2.9V 左右。

> **故障分析和检修** 测量开关电源输出的 +15V、-15V 运放电路供电电源电压均正常。

故障检修的关键是找出电压检测电路（需要先"跑下"电路），进而经检测找到故障点，然后进行修复。测绘电路如图 3-2-1 所示，为便于分析，将图 3-2-1 化简成图 3-2-2 电路。

因 P、N 信号电压都为"对地而言"的，当 P、N 电压差为 DC 500V 时，则 P 端对地为 +250V，N 端对地为 -250V。RZ1 为输入串联电阻的总和，LF353a 同相输入端 3 脚的基准电压为 RZ2 与 R89 对 -250V 的分压，得 -0.75V；由"虚短"原则可知，LF353a 的 2 脚电压也应为 -0.75V。

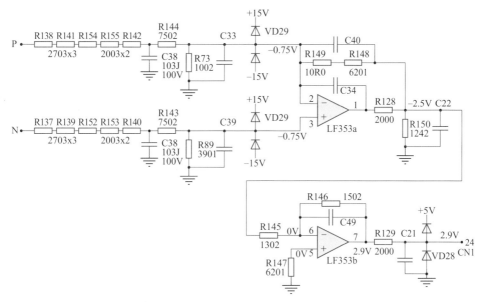

图 3-2-1 微能 WIN-9P 型 15kW 变频器直流母线电压检测电路

运放电路是处理电压信号的线性电路，而随时出现在偏置电路中川流不息的电流，决定着各工作点的电压值。某些电路，宜从电阻串联分压的角度分析其工作原理，而该电路更宜用"汇流法"直接推算输出电压值，从而省略繁琐的计算过程，并且从电路电流的"实际活动"中"看到"电路是如何对输入电压信号进行比例衰减处理的。而如何对电路进行快捷的分析，并非有一个固定的框架，而是要根据具体电路来做出取舍。

对 LF353a 电路来说，电路中反馈电阻 R148 所流通的电流值，是流经 RZ1 的 I_1（I_1=（250V+0.75V）/1285kΩ=0.195mA）和流经 R73 的 I_2（I_2=0.75V/10kΩ=0.075mA）这两股电流的汇流量，因而 R148 的端电压为（0.195mA+0.075mA）×6.2kΩ ≈ 1.67V，由此可知 LF353a 电路输出端电压值为 −0.75V+（−1.67V）=−2.42V（当 P、N 端电压为 530V 时，此点实际电压值约为 −2.5V），从而可知本电路对输入电压差的衰减系数约为 1/200。

实测本级工作状态（LF353a 的输入端、输出端电压值）符合以上判断，没有问题。

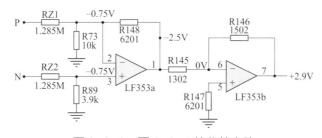

图 3-2-2 图 3-2-1 的化简电路

测量 LF353b 脚反相输入端 6 脚的电压值为 1V，同相输入端 5 脚的电压值为 3V，输出端 7 脚为 −0.5V。放大器电路所应有的"虚断"不成立——R147 上有电压降；"虚短"不成立——两输入端有明显电压差；作为电压比较器也说不通——输出已经不符合比较结果。

碰上"不讲道理"的芯片，结论是芯片本身坏掉！

用 TL082I 型贴片双运放器件代换 LF353 后，测 CN1 端子的 24 脚直流检测信号电压值变为 2.9V，操作显示面板也不再显示故障代码，试运行正常，故障排除。

小结

检修到电压、电流、温度等相关检测电路，"顺电路"的基本功要扎实些，

检修运放电路，首重"虚短""虚断"四字诀；若四字诀不成立，可退而求

其次，按电压比较器的规则判断：若符合比较器规则，多为运放器件外围反馈电路的电阻

值变大或开路。若连比较器的规则也不符合，则直接可判断是运放芯片坏掉。

芯片外围元件数量多时，可适度化简，以便于故障分析。

实例 2

偏置电路的"失职"，导致运放电路的"身份"改变
——艾瑞克 EI-700 型 55kW 变频器报 OU（过电压）故障检修

＜　故障表现和诊断　机器上电后即跳 OU（直流回路过电压）故障代码，拒绝运行操作。从参数中调看直流母线电压显示值，达千伏以上，判断为直流母线电压检测电路异常。

＜　故障分析和检修　前级电路输出的 −2.5V（当直流母线电压为 500V 时）正常，检测 U5 的供电电源为 ±15V，输出端 14 脚电压接近 14V。确定该级电路输出错误的过电压报警信号。

原电路元件没有标注序号，为分析方便，将 U5 芯片的 4 只外围电阻元件暂时标注为 R1、R2、R3 和 C1，如图 3-2-3 所示。这是一例典型的反相放大器（或者说是反相器——放大倍数为 1——的电路），正常状态下，当运放电路处于闭环受控放大状态时，两输入端的电压差为 0V，并应该符合"虚地"特征，输入为 −2.5V，输出端 14 脚输出电压应该为 2.5V。

现在的检测结果如下，13 脚为 −2.5V，12 脚为 0V，14 脚为 14V。由检测结果看出，

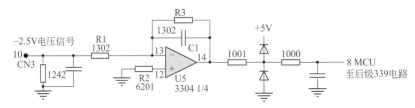

图 3-2-3　电压检测电路的后级电路之一

U5 已经由反相器"变身"为电压比较器了，输出是对两输入端电压进行逻辑比较的结果。R3 反馈电阻断路的嫌疑基本上被"坐实"！R3 断路破坏了电路的闭坏状态，使 U5 由线性放大进入到开环状态，使线性电路"变质"为开关（逻辑比较）电路！R3 的好坏，决定了电路两个不同的工作模式。焊下 R3 检测，确实已经断路，用 10kΩ 和 3kΩ 两只贴片电阻"搭桥后"串联代用，上电检测 14 脚输出变为 2.5V，操作面板显示正常，试运行正常，故障修复。

  小结

那么可以倒回头来进行总结。当运放电路输出异常时：

① 虽然输出异常，但仍符合确定的逻辑关系或比例关系，此时运放芯片本身损坏的可能性较小，须从外围电路着手。

② 输出异常，从逻辑和比例两方面分析，都"不透气儿"，相对于输入信号，输出的是一个"不讲理"的结果，这时候即是运放芯片坏掉了。

实例 **3**

基准电压的高低由 MCU 说了算
——丹佛斯 VLT2815 型 3.7kW 变频器电压检测电路故障检修

该电路如图 3-2-4 所示，较有特点。后级开关量报警电路，是由 MCU 信号和基准电压 V_{REF}、电压比较器 U2 共同组合而成的"可编程电压比较器"电路。此为一。

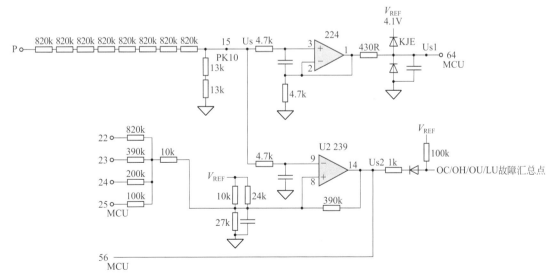

图 3-2-4　丹佛斯 VLT2815 型 3.7kW 变频器直流母线电压检测电路

该机型产生的如 Err37、Err7 等报警动作，不仅与硬件电路相关，而且与软件控制（MCU 或 EEROM 内部数据相关），因而一些故障表现为软件故障（需要刷新存储器内部数据实施修复）。此为二。

Us 正常检测电压为 2.2V（对应三相交流输入为 380V 时）。Us2 正常状态为高电平，低电平时为报警状态。当 Us 和 Us2 都为正常状态时产生 Err37、Err7 报警，是软件（数据）方面的因素所致。

本例检测电路，P、N 直流母线电压采样电路由 8 只 820kΩ 电阻和 2 只 13kΩ 电阻构成串联分压电路，测 Us 电压不足 1V，判断此采样电路有元件损坏。在线用万用表测 8 只 820kΩ 电阻，由于和主电路储能电容之间构成时间常数极大的串联回路，所以万用表显示值几分钟内一直在变化中，很难测准。在此推荐一个简单有效的好办法：用外供直流电压如 80V（或其他电压值均可），接于串联 8 只 820kΩ 电阻两端，正常时每只电阻两端电压值均为 10V，如果测量某电阻两端电压降远大于 10V，说明该元件已坏。

由此找出一只电阻的阻值变大至 2MΩ，代换后故障排除。

简单点的电路也能完成任务
——艾默生 SK 型 2.2kW 变压器上电报欠电压故障

> **故障表现和分析**　一位同行朋友说，机器上电报欠电压故障，但是找不到电压检测电路，全线路板都找遍了，感觉没有像电压检测电路的地方。移送我处。

找电压检测电路的始端：

① 从开关电源脉冲变压器的次级绕组，与 +5V 电源共地的多抽头绕组（一般有四个抽头），接 3 路整流二极管和较大容量的（电解）滤波电容。第四只整流二极管，未接大容量滤波电容的，即是直流电压检测信号的第一级电路。

② 从 P、N 端各串联多只百千欧级大阻值电阻，或至 A7840（或相类似的）线性光耦合器，比较显眼好找；或至运放放大器，多为双端输入式差分放大器，也不难找。

③ 其他形式，因电压采样电路与 MCU/DSP 电源共地，故电路结构最为精简，如图 3-2-5 所示，仅用几只分压电阻，取得采样信号，直接送入 MCU/DSP 器件输入端而已。

接 DC+ 端的 R410，如果不是开关电源的启动电阻，差不多就是电压采样电阻了。R410 等电阻将直流母线的 530V 电压分压处理成约 2.5V 的采样电压信号，送入 MCU 器件。在线检测如图 3-2-5 所示的测试点电压及 IC305 的 15 脚电压，均低于 2V，停电检查 R410 和其他电阻的好坏，没有问题。拆下 IC305 器件 15 脚的滤波电容后，上电变频器显示正常。测量该电容，已有漏电现象。

用一只 0.22μF 贴片电容代换后，故障排除。

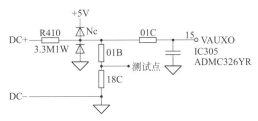

图 3-2-5　艾默生 SK 型 2.2kW 变频器直流母线电压检测电路

 小结

事实证明该电路也不是真的难找，根据电路构成和特征，快速找到相关检测电路。修复电路的前提，是先找到该电路。"跑电路"的基本功是要经常练的。

实例 **5**

运放器件可以坏出这种现象
——普传 PI3000 型 55kW 变频器报 LU 故障

> **故障分析和检修**　一台变频器上电报 LU，调出直流母线电压显示值，是由几十伏开始一伏一伏地缓慢上升，几分钟后至正常值。直流母线电压采样信号取自开关变压器的次级绕组（参见图 3-2-6 电路），首先将 C442 和 C112 换掉后，测 C112 电容两端电压为稳定的 -16V，但故障现象依旧。

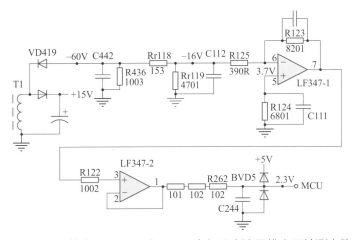

图 3-2-6　普传 PI3000 型 55kW 变频器直流母线电压检测电路

此 16V 检测信号电压经反相衰减器 L357-1 和电压跟随器 LF347-2 处理为 2.3V 的电压信号送 MCU。

测运放电路的 7 脚输出 2.4V 为稳定值，但测 1 脚输出电压自变频器上电开始，有缓慢升高变化现象，判断 LF347 不良。换 TL084 运放芯片后，故障排除。

小结

器件的损坏不仅仅是表现为短路、开路、漏电等故障现象，有时出现随温度变化、随湿度变化和随时间变化表现的故障现象，系器件老化、衰变、劣化所致！

实例 6

供电电源是否正常要永远放在检测的第一位
——众辰 H3400 型 1.5kW 变频器上电显示 OU0 代码

故障表现和诊断　学员查电压检测电路，测 U11-1 的同相输入端电压为 2.2V，输出端 1 脚电压为 0V。本机的直流电压检测电路如图 3-2-7 所示。

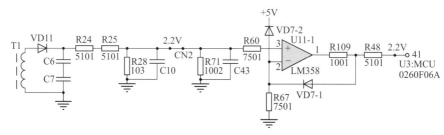

图 3-2-7　众辰 H3400 型 1.5kW 变频器直流电压检测电路

由此，学员判断 U11-1 运放芯片损坏。检修步骤如下：

① 代换运放芯片后故障依旧。

② 连换 3 片后仍然输出为 0V，再查为运放芯片的 +15V 丢失。

③ 顺着供电电源正端的走向查开关电源电路，竟然是前检修者将 +15V 整流二极管拆掉未装。将 +15V 电源整流二极管装后上电，随即 +15V 滤波电容爆裂，很响，吓了一跳。停电观察电容损坏原因是前维修者将滤波电容极性装反。

将前维修者的修理过程推理如下：+15V 滤波电容装反后，反向漏电流增大，造成整流二极管冒烟，因而拆掉整流二极管，导致运算放大器丢失正供电电源，上电后报电压检测故障。

小结

检修任何电路，都要按"先电源，后信号；先软件数据，后硬件电路"的规则进行，该例故障，检修者未查电路供电电源，仅根据输入、输出信号判断芯片的好坏，显然是不够全面的，因而造成检修失败。电路如要正常工作，电源供电电压的正常，当然也必须是第一条件。

实例 7

基准电压的地位其实不低于电源电压
——德瑞斯 DRS2800 型 3.7kW 变频器过电压报警

〈　**故障表现和诊断**　机器上电后报警 Er07，查使用手册中注明为"输入电源异常导致停机时过压"。检测直流母线电压为正常值，调看参数 d-09 直流母线电压显示值为 760V（正常显示值应为 530V 左右），初步确定为直流电压检测电路异常。当然，故障也可能为直流电压检测电路本身正常，但 MCU 所需的 A-D 转换用基准电压异常，造成 MCU 内部软件数据的计算错误。这就犹如称菜一样，青菜重量是对的，但秤砣是不准的，因而显示重量值也是错误的。

〈　**电路构成**　该机型的直流母线电压检测电路，采样信号取自开关变压器的次级绕组，经 VD15、C48 整流滤波成直流电压信号，再经分压电路、电压跟随器处理得到 VDC 信号送 MCU 引脚；同时此 VDC 信号又送入 U11-2 及外围元件构成的电压比较器，转化为开关量的过电压报警信号送 MCU。

电路中各关键测试点的信号电压值如图 3-2-8 所示，此为在 P、N 端送入 DC 500V 时，各点的直流电压检测值。

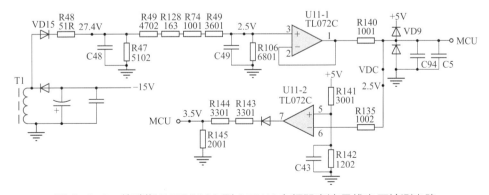

图 3-2-8　德瑞斯 DRS2800 型 3.7kW 变频器直流母线电压检测电路

故障分析和检修 直流电压采样信号为 27.4V，正常；上电检测 U11-1 的 3 脚输入电压为 2.5V，正常；测 U11-1 的 1 脚输出电压为 7.6V，不符合电压跟随器规则，判断 U11 已经损坏。

代换后故障依旧。测 U11-1 的 1 脚电压已经变为 2.5V，该级故障排除；测 U11-2 的 7 脚输出端应为高电平（大约 14V），但此时测输出电压为 -13V 左右，因此送入 MCU 的引脚电压（正常时为高电平 3.5V 左右）为 0V，形成过电压报警信号。

由于 U11 刚换过新品，怀疑是 U11-2 的 5 脚基准电压丢失，造成该级比较器输出错误的报警信号。测 5 脚电压为 0V，判断 R141 损坏。

停电检测与观察，发现 R141 贴片电阻的一端发黑，用洗板水清洗后补焊，上电故障排除。

小结

一例故障中出现了两个故障点，即 U11-1 损坏和 R141 虚焊。检修比较器电路时，应注意对比较基准电压电路的检查，其异常时，会造成输出错误的报警信号。

实例 **8**

总有例外的电路结构和形式
——嘉信 JX-G 型 37kW 变频器上电产生 OU 报警

故障表现和诊断 上电后报 OU 故障，可能为直流电压检测电路的模拟信号传输电路异常；也可能为直流电压检测电路后级的开关量报警信号导致电路（通常由单值比较器和梯级电压比较器组成）工作异常。

电路构成 该机型的直流电压检测电路的信号处理方式比较复杂也具有个性，见图 3-2-9。

电路采用非常规设计思路，为了实现电气隔离，由比较器、高速光耦合器、反相器、振荡器、电压跟随器等电路来处理电压检测信号。

① 比较器 U8-2 和 TLP1 光耦合器传输过电压 OU 报警信号。此处怀疑 U8 芯片已经被前维修者换错：LF353 此类双电源供电型运放，其输出最低电压并非为 0V，而是仍有一定幅度的电压输出，如 6V，这会造成光耦合器 TLP1 一直处于导通状态，从而使电路不能产生正确的报警动作。U8 应采用或换用通用型运放器件为宜，如 LM358 芯片等。故果断进行代换处理。

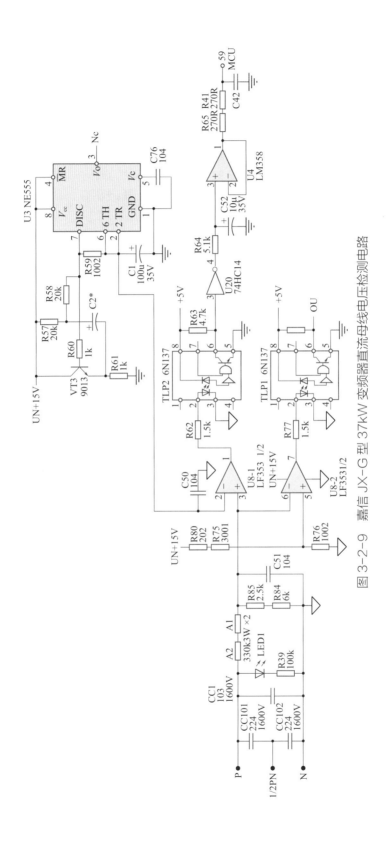

图3-2-9 嘉信JX-G型37kW变频器直流母线电压检测电路

② U8-2 运放电路和 U3（NE555 时基电路）构成 PWM 发生器电路，将直流电压采样信号的高低转换为 PWM 脉冲的宽度变化，经光耦合器 TLP2 隔离后在电容 C52 两端形成检测信号电压，经电压跟随器 U4 处理后送 MCU 的 59 脚。

由振荡器 U3 的 2、6 脚输出的三角波脉冲信号，输入至 U8-1 的反相输入端 2 脚。U8-1 的同相输入端 3 脚输入的为直流电压采样信号，这两路输入信号相比较，在直流母线电压升高时，1 脚输出 PWM 脉冲占空比增大，TLP2 的 5、6 脚内部三极管导通时间比变大，U20 反相器的输入端电压变低，U20 的输出脉冲占空比增大，经 R64、C52 滤波成升高的直流电压，再由 U4 电压跟随器送入 MCU 的 59 脚。整个电路具备了 A-D、D-A 转换功能，将采样 P、N 端直流母线电压信号既经光耦合器隔离，同时又完成了线性传输。电路设计者可谓独具匠心。

◀ **故障分析和检修**　测 U3 的 2、6 脚三角波脉冲正常；测 U8-1 的 1 脚 PWM 脉冲正常；测 U20 的 3、4 脚有脉冲电压，且反相关系正常；测 MCU 的 59 脚有直流电压检测信号进入。

光耦合器 TLP2 的输入端 2、3 脚和输出端 5、6 脚可视为反相关系，其 6 脚矩形脉冲应是最低值，基本上能到 0V 的脉冲电压，回头细看脉冲波形，发现最低电平值高于 0V 许多（造成 U20 对"0""1"电平的判断失误，从而使输出脉冲占空比异常）。判断 TLP2 低效劣化，更换 TLP2 后，上电显示正常，不报 OU 故障了。试机运行正常，故障排除。

小结

本例电路为较为复杂的非常规设计电路，一定程度上依赖于检修者原理分析上到位和检修经验老到，才能较快地排除故障。检修电子电路，不断学习提高自己的电路测绘和原理分析能力，才是正途啊。

实例 **9**

万物都会衰老
——日立 SJ300 型 22kW 变频器上电报欠电压故障

◀ **故障表现和诊断**　停机或运行中，有时报 E09.2（低电压报警）故障代码，有时能正常运行。通常此类故障的检修较费时间。故障来源不明，可能为排线端子接触不良、老化，可能为电路板较为脏污，也可能为直流电压检测电路有器件不良。故障根源须待检查落实后，再行确定。

> **电路构成**　日立 SJ300 型 22kW 变频器直流母线电压检测电路如图 3-2-10 所示，为线性光耦合器和差分放大器的经典组合电路。

A7840（为器件表面印字，型号为 HCPL-7840）为线性光电耦合器件，输入、输出侧电源供电都为 5V。输入差分信号电压范围 0 ～ ±300mV；输出差分信号电压范围 2.5V±2.4V；8 倍电压放大倍数。

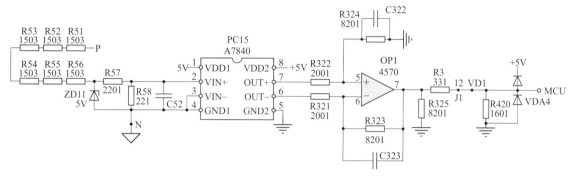

图 3-2-10　日立 SJ300 型 22kW 变频器直流母线电压检测电路

差分放大器由 OP1（印字 4570，型号 uPC4570，双运放器件）和外围电路构成，据电路设计参数，对输入差分信号的放大倍数为 4 倍多一点。

> **故障分析和检修**　P、N 直流母线电压经 R51 ～ R58 等分压，R58 两端电压降约为 120mV，经 PC15 进行 8 倍电压放大后，其 PC15 的 6、7 脚输出电压差应为 1V 左右，再经 OP1 的 4 倍电压放大，最终在 VD1 检测点的电压信号值应为 4V 左右。

测 VD1 测试点的电压值约为 3V，比正常值偏低。测 PC15 的 6、7 脚电压差为 1V，正常。问题出在 OP1 差分放大器这一级电路：① OP1 外部电阻元件有变值，如输入电阻变大；② OP1 芯片本身不良；③ MCU 引脚内部电路漏电（形成 R3 两端的电压降），使 VD1 点的检测电压变低。

首先检测差分放大器 OP1 的引脚电压：5 脚为 2.4V，6 脚为 2.2V，7 脚为 3V。分析 R321、R323 串联回路的分压值正确。

> 放大器有以下 3 个表现：
>
> ① 放大器输入端有微小电压差，已出离"虚短"特征；
>
> ② 输出电压值比设计电压放大倍数值偏低；
>
> ③ 偏置电路分压值正常。

说明故障为运放芯片已存在老化低效的现象，不再具有设定的电压放大能力，故使输出电压偏低，造成随机欠电压报警。用 LF353 芯片代换 OP1 器件后，工作正常。

小结

运放器件或其他电子器件，表现为严重损坏现象，如击穿或断路，则故障
状态为稳定的两极表现，如运放某引脚电压表现供电电源电压值，此种损
坏一般较易检测；表现为低效老化、劣化故障，会导致输出电压值偏移、输出状态不稳定
等故障现象。

　　万物都会衰老，电子元器件也会这样啊。由器件老化造成的故障，是一种"亚
健康状态"，在检修定性上有一定的难度。

实例 10

可调元件，提供方便的同时又带来故障隐患
——派尼尔 VF500G 型，上电产生直流母线欠电压报警

故障分析和检修　直流母线电压实测值与显示值不对应，显示值偏低，判断故障
出在直流母线电压检测电路。见图 3-2-11。

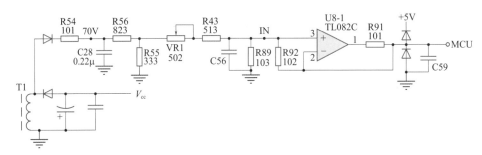

图 3-2-11　派尼尔 VF5000 型 11kW 变频器直流母线电压检测电路

　　直流母线电压检测电路中，串联有 VR1 半可变电阻，机器上电后试轻微旋动 VR1 几
次，故障报警消失，直流母线电压显示值接近实测值。判断 VR1 接触不良。
　　将 VR1 换作 270Ω 固定电阻，上电观察直流母线显示值基本上接近实测值，故障排除。

小结

信号检测电路，遇有半可变电阻器件，为首要故障点嫌疑处。工业电气产
品的使用环境较为恶劣，尤其是处于高温高湿环境下，半可变电阻的接触
点因受潮氧化，导致其接触不良的故障产生。换用半可变电阻时，应选择密封性和质量好
的元件，或可用固定电阻代替（按 VR1 标称值的 1/2 取值）。

别太依赖万用表
——四方 E380 型 55kW 上电报欠电压故障

　　电路见图 3-2-12，检测电路中串有两只半可变电阻，根据检修经验，可变电阻为易变质器件，先直接换用优质电位器（将动臂大致调至中间位置）。上电仍报欠电压故障。

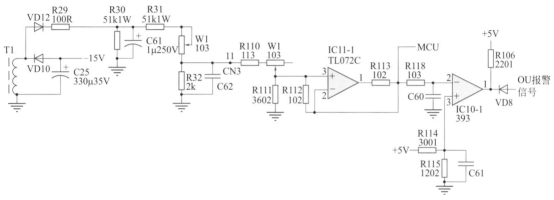

图 3-2-12　四方 E380 型 55kW 变频器直流母线电压检测电路

　　用电容表测 C61 容量值，为 0.97μF，在正常范围以内。换用 ESR100 型内阻表测 C61 的内阻，显示值为 28Ω（同容量优质电容的内阻值小于 5Ω），判断 C61 失效。

　　用 1μF、160V 电解电容代换后，上电显示与操作正常，故障排除。

 小结

　　专业的人干专业的事儿。怀疑电容不良时，建议用 ESR 内阻表或直流电桥测量其性能，仅仅依赖万用表或普通电容表，有可能会使"作案者漏网"的。

器件的衰变并不罕见
——ABB-ACS550 型 22kW 变频器启动时显示"机器未准备好"

　　故障表现和诊断　上电显示正常，也能进行参数设置与操作。启动时面板有"机器未准备好"的显示提示，不做其他故障报警，也无法启动运行。

> **故障分析和检修**　此种状况，一般和某种检测条件未满足，或检测电路异常，或供电电源电压偏低有关。因为变频器检修试机一般从 UC+、UC− 直流母线端供入 DC 500V，不存在电源缺相或供电电压低的问题。试从直流电压检测电路查起。

　　本机型的直流电压检测电路有两个支路，分别如图 3-2-13 和图 3-2-14 所示。据实际测验图 3-2-13 电路貌似没起到什么作用（或是备用电路？暂时不论），图 3-2-14 电路输入至 DSP 器件 3 脚的信号电压经验证是起作用的。

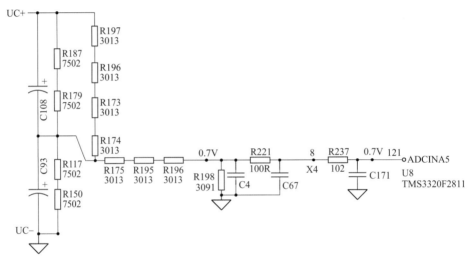

图 3-2-13　ABB-ACS550 型 22kW 直流电压检测电路之一

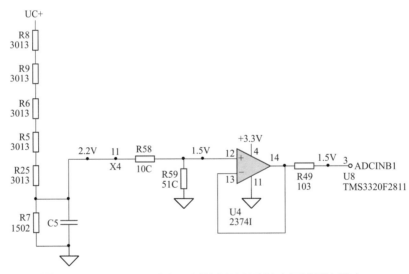

图 3-2-14　ABB-ACS550 型 22kW 直流电压检测电路之二

　　据电路分析，该点电压值应为 1.5V 左右。

　　实测运放器件的 12 脚输入电压为 1.5V，但 13、14 脚电压为 1.3V，判断 U4 器件不良，导致信号电压偏低，将 U4 换新品后测 14 脚输出电压恢复为 1.5V，试机正常。

　　故障结论为 U4 运放芯片老化、衰变。

实例 **13**

没有好办法就全部焊点来一遍
——ABB-ACS800 型 75kW 偶尔报欠电压故障

> **故障分析和检修**　本例故障，系上电后及运行中偶尔产生报警动作，牵扯原因太多，先"跑"下直流母线电压检测电路再说。

电路如图 3-2-15 所示。国外机型，如本机，电压比较器做在一块陶瓷基板上，器件的散热条件是好了，但是检修难度却大了。想代换 A901 小板上的器件，一般的电烙铁就热力不够了，好在笔者手头有 150W 高频感应加热的焊台，对付这类电路板还不在话下。

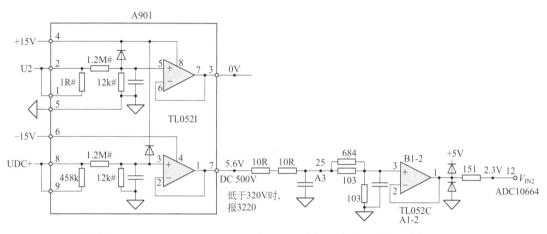

图 3-2-15　ABB-ACS800 型 75kW 变频器直流母线电压检测电路

小板上的电路：

① 输入 UC+/UC- 端电压，先经 1.2MΩ 和 12kΩ（在线实测值）分压取得 5.6V 左右的采样信号，再由电压跟随器处理送入后级电路。

② 因主控板采用 DSP 器件，故检测信号的电压幅度应在 1.7V 左右为宜。A901 小板送出的 5.6V 信号电压经后级电阻分压、电压跟随器隔离与缓冲后，变为 2.3V 的电压信号，送入 DSP 的 12 脚。

检修期间还算运气不错，偶尔测到 A901 小板的输出脚 7 脚 5.6V 电压有跌落现象（但瞬即又升为正常值），停电检查小板上各元件均无异常；检查小板的元件引脚焊接看不出问题。

用电烙铁将小板上各器件两端全部细致补焊了一遍，连续几天试运行正常。交付用户连续一个月来未发生欠电压报警动作。说明故障已经排除了。

 小结

对小板上的元器件，整体补焊，是个笨办法，也是个有效的办法。

不按规则"出牌"必遭淘汰
——正泰 NVF2 型 55kW 变频器上电报 OV3 故障之一

> **故障表现和检修**　上电报 OV3（恒速运行过电压）故障，意为电源电压过高，不能复位。

直流母线电压信号检测端，在线路板上标注检测点为 VPN 或 VDC，正常时应为 0 ～ 5V 供电电压的"中间地带"，如 1.8 ～ 3.8V，换言之，应在 2.5V 左右。现在实测值达 −6V 以上，判断如图 3-2-16 所示的前级电压检测电路异常。

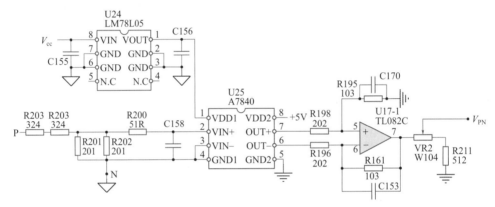

图 3-2-16　正泰 NVF2 型 55kW 变频器直流母线电压检测电路

该级电压检测电路，由 P、N 端经电阻降压，A7840 线性光耦合器隔离和后级运算放大器放大，再经 VR2 整定后送后级电路。机器长期在恶劣环境中运行，因 VR2 氧化产生接触不良故障，较为常见，更换 VR2 并监测直流母线电压显示值进行重新整定后，往往即修复故障。

本例故障，从 VPN 测试点的负电压表现，已经排除 VR2 的问题，查 U17-1 差分放大器状态异常（应输出正的信号电压），更换 U17 后故障排除。

第3章

认识贴片 IC 元件

非贴片元件的电子元件 / 器件的本体，可以承载较多的产品信息，如规格型号、制造厂商、产品序号等。贴片元件（尤其是贴片电阻、电容类）的尺寸是以毫米计的，元件本体上不允许标注太多的信息，标识方法通常有以下几种。

① 简化标识法。将常规标识型号进行简化，如将 LM324 标注为 324，74LS14（六反相器数字 IC）标识为 LS14。

② 代码标注法，将标识进一步简化。如贴片晶体管的 −24、1L 等，更像是密码，需要"破译"后，才能知道标识背后元件规格型号的含义。

③ 无标识。小功率（如 16/1W）贴片电阻，和（皮法级别）小容量电容，因元件本体太小，无法印出标识，干脆就成为无标识元件。

初学者每每面临这样令人困惑的问题：如何由 IC 元件上的标注代码（也称印字），判断是什么器件？如何查找相关 IC 的电路资料？对于无标识（印字）元件怎样判断是什么器件？如何测量其好坏？可否用其他型号的元件（甚至非贴片元件）对贴片元件进行代换？贴片元件的封装形式有哪些啊？……

在讨论电路故障的检测与诊断方法之前，有必要先认识一下贴片元件。

3.1 贴片 IC 的封装形式和种类

8 引脚及以上贴片 IC 元件的体积较大，易于容纳更多的产品信息，包括型号、封装形式等，检修者最重要的是根据元件型号，了解元件的电路原理和引脚功能，并找到代换元件。

贴片 IC 的封装形式有多种类型，制造厂家不同，封装形式往往也有差异。部分贴片 IC 元件的封装形式见图 3-3-1。SOP（又称为 SOL、DFP、SOF、SSOP）是普及最广的表面贴装形式，引脚从封装两侧引出呈海鸥翼状的 L 字形，封装材料有塑料、陶瓷两种。引脚数为 20 以下的数字、模拟集成电路，多采用此类封装；多引脚如 84 脚以上贴片 IC，多采用 LQFP、PQFP 等封装形式，塑料扁平封装，引脚从四个侧面引出。塑料封装的颜色为黑色，陶瓷封装的为黄色。

8 引脚及 8 引脚以上贴片 IC 损坏时，应照原型号和原封装形式进行采购。需要注意

图 3-3-1　部分贴片 IC 元件的封装形式

的是一些三端 IC 器件，既有 3 引脚封装形式，也有 5 ～ 8 引脚封装形式，如基准电压源 TL431 等器件，如图 3-3-2 所示。

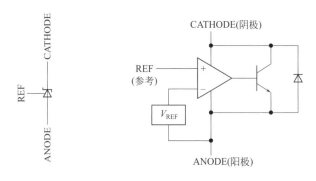

(a) TL431的电路符号和等效电路

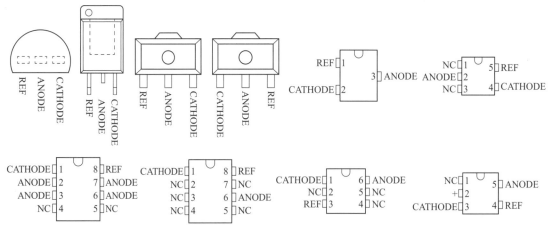

(b) TL431贴片IC的各种封装形式

图 3-3-2　TL431 的符号、等效电路及各种贴片封装形式

基准电压源 TL431 器件，有多种型号或印字标注：如 TL431x、TL432x、431AC、431AJ、TACG、43A、SL431ASF、AIC431、AC03B、SL431x、HA431、EA2、6E 等，其中一些印字并非型号，而是代码（如 EA2、6E 等），须查表"翻译"出原型号后，才能确认是何器件。

认识、判断元 / 器件的步骤：

① 型号或印字 / 代码，注意型号可能为原型号的"缩写"，如印字为 75176，据此无法查到资料，试着在型号前添加 SN、SB 等（厂家名称缩写）字母，即能解决问题，由型号查到相关资料。

② 由印字代码，借助"芯片丝印反查网"等网络便利工具，确认原型号，从而"破解代码"，找到资料。

③ 如果查不到资料，只能以检测助判断。可以从供电引脚、供电电压的数值、信号输入输出方向、处理信号的功能等方向做出判断，必要时测绘器件的外围电路，以资分析和判断。

3.2　贴片 IC 的种类

3.2.1　数字 IC 电路

目前所应用的数字 IC 电路有两大系列，即 74 系列和 4000 系列。若以电路采用元件类型细分，又可以分成 DTL、HTL、TTL、ECL、CMOS 等数种。应用面最广、数量最大的数字电路是 74 系列中的 TTL 电路和 4000 系列中的 CMOS 电路。

TTL 电路以双极型晶体管为开关器件，称为双极型集成电路，它沿着 74 → 74S → 74LS → 74AS → 74ALS 系列向高速、低功耗方向快速发展。"S"代表肖基特工作，工作速度比标准 TTL 快，功耗较大；"LS"代表低功耗肖基特工艺；"AS"代表先进（高速）的肖基特工艺；"ALS"代表先进（高速）低功耗的肖基特工艺。实际应用中，以 LS、AS 型较多。国产的 T1000、T2000、T3000、T4000，分别同 74、74H、74S、74LS 兼容。TTL 电路的最大特点是适应供电电源电压为 5V，输入、输出电流值较大。

CMOS 电路以绝缘栅场效应管（即金属—氧化物—半导体场效应晶体管，又称单极型晶体管）为开关器件，又称单极型集成电路，CMOS 电路沿着 4000A → 4000B/4500B（统一称为 4000B）→ 74HC → 74HCT 系列的方向高速发展，保持低功耗高运行速度的优势，HCT 与 TTL 电平兼容。"AC"代表先进的 CMOS 高速电路；"ACT"代表如 TTL 一样的输入特性；"HC"代表高速 CMOS 电路；"HCT"代表与 TTL 相兼容的高速 CMOS 电路；"LVC"代表 PHILIPS 公司的低电压 CMOS 电路；等等。4000B 系列的前缀很多，其中"CD"代表标准的 4000B 系列 CMOS 电路；"CC"代表国产 CMOS 产品；"HEF"代表 PHILIPS 公司的产品；"TC"和"LR"代表日本东芝和夏普的产品。CMOS 电路的最大特点，是适应较宽的供电电源电压，如 3 ～ 18V，输入、输出电流值较小。

（1）TTL 数字 IC 的基本特性

工作电压范围：S、LS 系列为 5V（±5%）；AS、ALS 系列为 5V（±10%）。

频率特性：一般在 35 ～ 200MHz 之间。

输入、输出电压特性：输入逻辑"1"输入的电平高于 2.0V，逻辑"0"输入的电平低于 0.8V；输出逻辑"1"电平值高于 2.4V，输出逻辑"0"的电平值低于 0.4V。

输入、输出电流：输入电流为百微安级，输出电流为数十毫安级。

（2）CMOS 电路的基本特性

工作电压范围：4000 系列为 3.0 ～ 18.0V；HC 系列为 2.0 ～ 6.0V；HCT 系列为 4.5 ～ 5.5V。

频率特性：一般 CMOS 的工作频率在 100kHz；4000 系列在 12MHz 以下；74HC 系列在 40MHz 以下。

输入、输出电压特性：工作电压为 5V 时，最小逻辑"1"输入电压为 3.5V，最大逻辑"0"的输入电压为 1.0V；输出高电平约为 V_{cc}，输出低电平约为 0V。

输入、输出电流特性：输入电流为数微安级，输出电流为数毫安级。

3.2.2　模拟 IC 电路，主要由集成运算放大器（简称运放电路）组成

（1）器件类别

集成运算放大器，是一种高增益的直流放大器，内部电路是由多级直接耦合放大电路组成的模拟电路，一般采用双端输入、单端输出的结构形式，具有输入阻抗高、输出阻抗低、电压增益高的特点。

运放电路按工作参数分类，可分为：①通用型运算放大器，如 LM358（双运放）、LM324（四运放）等，适用于一般控制电路，这一类应用最广；②高阻型运算放大器，特点是差模输入阻抗非常高，偏置电流较小，如 LF356（单运放）、LF347（四运放）、CA3140（单运放）等；③低温漂型运算放大器，又称精密型运算放大器，工作性能稳定，受环境温度变化影响小，适用于仪表测量等电路，如 OP07、AD508 等；④此外还有高速型运算放大器、低功耗型运算放大器等，适用于低功耗和高速（宽带）信号电路。

电压比较器，用于比较两个输入信号电压的高低，输出数字判断结果。如 LM339（四比较器）、LM393（双比较器）等，电压比较器相对于 LF324 等集成运放电路，因其"比较输出"的特点，又称为非线性模拟集成电路。

以①②型运放电路和比较器电路应用较多。

（2）运算电路的工作特性和主要电气参数（以四运放 LM324 为例）

① 电源电压范围：单电源供电 3 ～ 30V，双电源 ±1.5 ～ ±15V。

② 静态功耗极低，允许功耗：570mW。

③ 输出电流：40mA。

④ 输入偏置电流：45nA。

⑤ 差模共模电压输入范围接近电源电平。

运放电路适应电源电压范围极宽，输入阻抗高，并有较强的带负载能力，在开关量信号电路中也有应用（如用作电压比较器），比数字 IC 电路更具灵活性。

3.3　如何辨识贴片 IC 器件的产品型号

3.3.1　从印字（标注字符）上确认型号

同一电路功能的贴片 IC 器件，因生产厂家的不同，型号标注有很大差异，型号所含的内容一般有前缀、类型、产品编号、封装形式、制造厂家缩写字母信息、温度范围等。有的标注较全，有的仅标注其中几项。检修者要紧的是忽略次要信息，找到关键信息——器件类型、型号的标注信息！

（1）型号缩写特点

贴片数字 IC 器件，往往省略前缀，如 74 系列 IC，标注 HC240，型号全称为 74HC240；标注 LS14，其型号全称为 74LS14D，省略了“74”字样。标注 3771（复位 IC），型号全称为 MB3771，省略了“MB”字样。

如果在网络上搜索 3771 或 LS14，有可能无法搜到，明白缩写特点以后，在器件前试加“74”“MB”“SN”“AD”“MAX”“UL”等数字或字母，就能搜到要查的器件资料。“MB”“SN”“AD”“MAX”“UL”为器件制造厂家的公司名称缩写字头，多用于器件型号的起始标注。

（2）同一类型和功能的器件，不同厂家标注不同的型号

同一类型和功能的器件，有的仅为前缀不一致，如 HC240 和 F240、HCT240 等，由于其中的“240”一致，比较易于辨别；有的型号大不相同（而且引脚数也不一样），如 NE555（时基电路）器件，LM555、μA555、CA555、CB555、1455B 等统称为 555，一般为 8 脚双列封装，相互可以代换使用。其中的 1455B 标注型号，因为型号中的“14”或“455”字样，不易使人“联想”到是 555 时基电路。少数产品如 RV6555DC、LB8555、M52051 等，采用 16 脚双列封装。其中的 M52051 标注差别大，再加上引脚数的不同，如果手头无资料，辨识难度较大，需要注意。

（3）代码标注法

对于一些小型贴片 IC 电路，特别是 3～6 引脚的器件，其封装形式易于与贴片晶体管、贴片二极管等混淆，表面印字为代码，在无资料的情况下，型号辨识难度就相当大了。贴

片元器件的代码虽然是一样的，但其实是两类差异很大的产品，如图 3-3-3 所示。

图 3-3-3 中标注 BA 的贴片电压调节器与标注 BA 的贴片晶体管，标注一样，但为两类产品。须细心鉴别其不同点，并配合电路测量，确定器件类型。

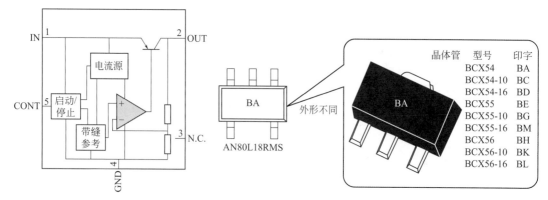

图 3-3-3　AN80LXXRMSTX 器件内部电路与外形

（4）质量级别的标注

通用型普通 IC 和贴片 IC，一般均分为三个质量级别，即军工用品（1 级）、工业用品（2 级）和民用品（3 级），如变频器产品多采用工业品（少数器件有时采用 3 级品）。贴片 IC 的质量级别不同，标注型号也有差异，如稳压 IC 器件，依据质量级别，分别标注为 LM117、LM217、LM317；四运放器件，分别标注为 LM124、LM224、LM324。虽然标注有异，但器件的电路结构是完全一样的，只不过在允许工作温度等使用参数方面有差异而已。

（5）据线路板上的标注，确认器件身份

到了贴片工艺大行于天下的今天，单纯从元 / 器件的引脚数量、封装样式、颜色尺寸等，已经不容易辨别元 / 器件的类别——都长得近似一个样子嘛。

据线路板标注的提示，会提高判断速度和准确度。

如同样为塑封双列 8 引脚封装的器件，线路板上若标为 R3，则为四单元电阻元件（所谓"排阻"）；若标注 IC14/U8 等，则为集成 IC 器件，或为运放、数字 IC，或为基准电压源、三端稳压器等；若标注为 T3/Q10/M5 等，则为晶体管、MOS 管的可能性为大。

3.3.2　借助元器件本体上的标志确认起始脚的办法

确定贴片 IC 的起始脚（1 脚）后，才能配合相关资料和测量，确定器件的类型或好坏。20 引脚以下器件，通过标识印字的方向、器件本体上的缺口等，可以判断起始脚。但具有四侧引出脚的多引脚器件，每一侧的引脚数又是相同的器件，如无明显标志，找到起始脚的难度较大。必须找到起始脚，才能展开以后的测量和检修工作。

图 3-3-4，是依据芯片本体上的标志，判断起始脚的方法；一些设备生产厂家，为设备调试和检修的方便，有时也会在电路板上标出贴片 IC 的引脚序号，如图 3-3-5 所示。

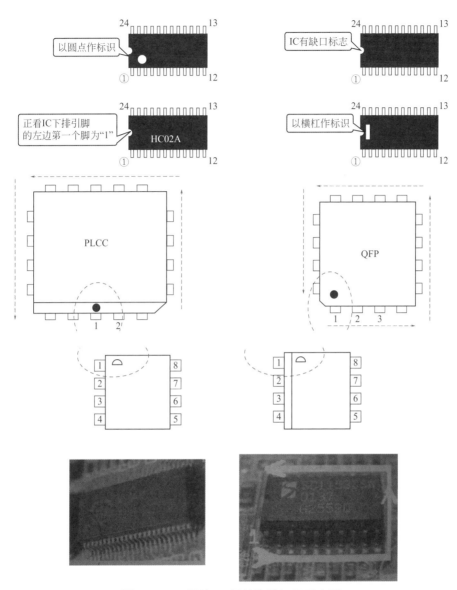

图 3-3-4　贴片 IC 起始脚的标识示意图

图 3-3-5　在线路板上由设备厂家标出的引脚序号示意图

3.3.3　MCU/DSP 器件的辨别方法

（1）从供电级别上区分 MCU、DSP 器件

MCU 器件的典型供电电源电压为 +5V；DSP 器件的供电一般有 +3.3V 和 +1.8V 的两路供电电源，有时虽然采用 +3.3V 单电源供电，但芯片本身有 +1.8V 电源输出端（芯片自带 +1.8V 稳压电源），给内、外部的相关电路供电。

从供电级别上不难区分。

（2）确定 MCU/DSP 引脚序号的方法

能根据型号查到资料，但无明显标志确认起始脚的位置时，可以根据某引脚外接"显眼的标志物"确定某引脚序号后，再顺序找到起始脚，进而确认其他的引脚位置。

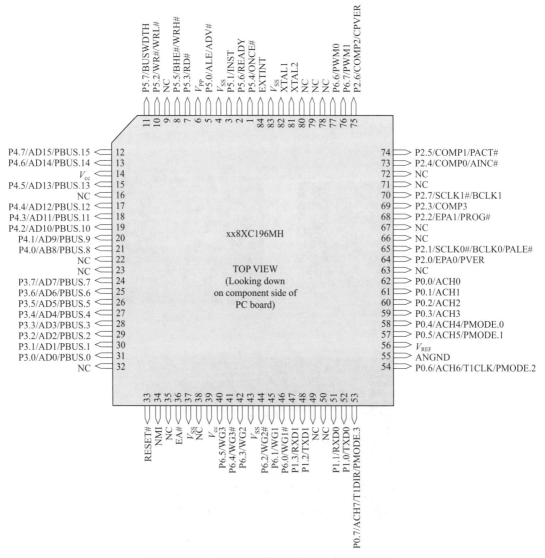

图 3-3-6　MCU 器件的引脚 / 功能标注图示

对于难以进行 1 脚辨识的贴片 IC，可找出外接典型电路或器件的引脚，如 MCU 外接晶振元件的 X1、X2 引脚 [在资料中为 81 脚和 82 脚（见图 3-3-6）]，MCU 的电源引脚，外接滤波电容引脚等，如图 3-3-6 中的 14 脚，明显是电源引入端。以此为路标和基准点，"数出"起始引脚位。这是由"可知量"的引导，判断"未知量"的例子。

因而，无法确定贴片 IC 的起始脚时：

① 首先数清器件的引脚数和确定器件型号；

② 根据器件的引脚数和型号找到相关资料，由相关引脚功能——供电引脚和外接晶振引脚作参考，确定该器件的起始脚。

如图 3-3-6 所示中的 MCU 芯片，实际电路中，外接晶振的引脚，即为 81、82 引脚，14 脚为 V_{cc} 电源引脚，由这 3 个引脚的确定，进而能确定所有的引脚序号。

3.3.4 区分数字 IC 和模拟 IC 器件的方法

（1）从供电引脚的排列次序和供电脚位置来区分

如图 3-3-7、图 3-3-8 所示，若直接从型号（或印字）辨识贴片 IC 较为困难时，可据运放 IC 和数字 IC 供电脚的位置和排列方式不同，辨识元件类别。

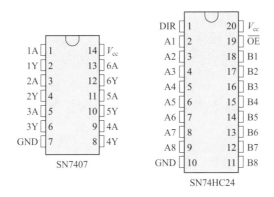

图 3-3-7 数字 IC 的（供电）引脚图

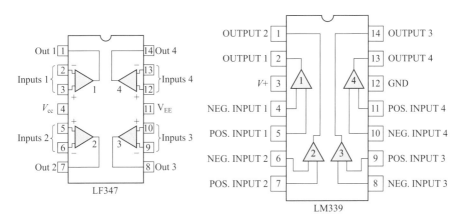

图 3-3-8 运放 / 比较器 IC 的供电引脚图

可以先行判断 20 引脚以下元件的电路类型——是数字 IC 还是模拟 IC。如器件为 14 引脚器件，模拟器件的供电脚一般为 4、11 脚或 3、12 脚，前者为运放器件，后者为比较器，芯片的中间引脚为供电端；若所测元件的供电脚为 7、14 脚，16 引脚器件的供电引脚为 8、16 脚，基本上证明该器件为数字 IC（供电引脚为斜对角排列），进一步的辨识方向便被引导于数字 IC 上，可以很快找到突破口。

从图 3-3-7、图 3-3-8 的比较可看出：数字 IC 电路的电源引脚在芯片的端部（起始或末端），运放 / 比较器 IC 的电源引脚一般在芯片的中部（中间引脚）。从电源引脚所处位置的不同，可以区分 IC 是数字或模拟电路芯片。

（2）从供电电压的级别，辨识为运放 IC 还是数字 IC

供电为 ±15V 双电源或单 +15V 供电的，为模拟电路；供电电压为单电源 +5V 或 +3.3V 的，为数字 IC 电路（采用 +3.3V 供电的运放 / 比较器电路，较为少见）。

3.3.5　从电路构成判断器件类型

2 引脚和 8 引脚或 8 引脚以上的贴片元器件，相对容易辨识：2 引脚器件含电阻、电感、电容、发光二极管、整流二极管、稳压二极管等。虽元件本体上无标识，但据线路板标注及在电路中的接法，容易判断。8 引脚及以上引脚（多为 IC 电路），因元件本身面积较大，在印字或型号标注上，便于承载更多的产品信息，根据型号标注或印字，也容易查找资料。3 ～ 6 脚的贴片元器件，种类多，其本体印字无规律可循，身份的辨识难度最大。

下面以 3 引脚、5 引脚和 8 引脚贴片元器件的身份甄别为例，介绍从电路构成判断器件类型的方法。

（1）区分二极管、稳压二极管、晶体三极管、基准电压源的电路示例

图 3-3-9 中 VD15、ZD1、VT3 的外形（贴片封装形式）和引脚数都是一样的，如何辨识器件类型，可据下述方法进行：

① 从线路板上的元件序号标注判断，如 VD15 为二极管，ZD1 为稳压二极管，VT3 为晶体三极管，U12 为集成 IC（但是尚不知是何种集成 IC）器件。

② 据元件本体上的印字，通过丝印反查手段，进一步确定器件的类型，如可以确定 43C 为 TL431 基准电压源器件。

③ 某些线路板上没有元 / 器件的序号标注，而且元件印字极其模糊（甚至无印字），需要从电路结构出发，从信号的输入、输出方式，从关键测试点的电压值等方面，做出综合判断。

图 3-3-9 中的（a）（b）（d）电路：对元器件来说，a 点既为信号输入端，又是信号输出端，据各点电压测量判断，如测量 R12、R13 分压点为 2.5V，而输出电压为 5V，符合 TL431 基准电压源的功能特征，故可判断 U12 为 2.5V 基准电压源器件。

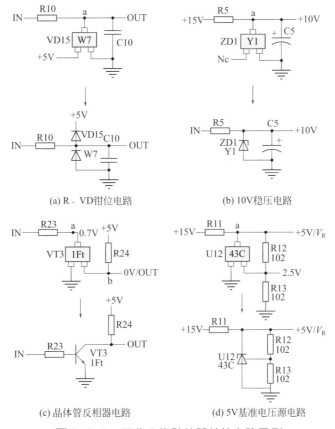

(a) R、VD钳位电路

(b) 10V稳压电路

(c) 晶体管反相器电路

(d) 5V基准电压源电路

图 3-3-9 区分 3 脚贴片器件的电路示例

图 3-3-9 中的（c）电路：输入 a 和输出 b 为两个点，测试两点之间的信号电压呈反相关系，而 0.7V 又符合晶体三极管的发射结电压特征，故可判断 VT3 为晶体三极管器件。

当然，停电状态下对器件两端进行导通电压降的检测，对于（a）（b）（c）电路，也是一个较好的辅助测试手段。

（2）区分 IC 器件类型的电路示例

图 3-3-10 中的 3 种电路示例，器件都为 5 引脚同样封装形式的贴片 IC 器件，除（b）电路从印字可判断为与门电路以外，其他器件从印字、外观等方面难以做出更准确的判断。辨识方法如下。

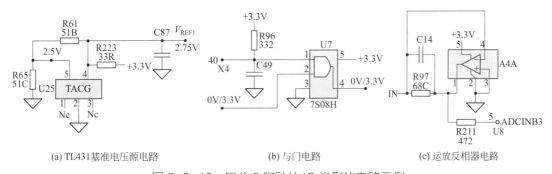

(a) TL431基准电压源电路

(b) 与门电路

(c) 运放反相器电路

图 3-3-10 区分 5 脚贴片 IC 类型的电路示例

从输入信号类型着手：

图（a）：电路输入 +3.3V 直流电源电压，输出为 2.75V 基准电压，从 5 脚电压为 2.5V 可知，U25 为 2.5V 的基准电压源器件（其身份为 TL431）。

图（b）：电路两路输入信号均为 0V 或 3.3V 的开关量电平信号，输出也为开关量的 "0" 或 "1" 信号，故判断 U7 为数字芯片。再从 1、2、4 脚的逻辑关系推断 U7 为与门电路。

图（c）：电路的前级电路为线性光耦合器，输出端信号又进入后级电路的模拟量输入端，可初步判断 A4A 为运放器件。再从两输入端的 "虚地" 特点看，该级电路为反相（放大）器电路。

本着输入、输出皆为开关量，处理数字信号的芯片为数字 IC；输入、输出皆为模拟量，处理模拟量信号的芯片为运放 IC；输入为供电电源，输出为稳定直流电压的为基准电压源或其他电源器件的原则，使诊断效率和准确率得到提升。

（3）由电路功能分析器件类型的电路示例

如图 3-3-11 所示，该电路功能是产生一个用于开通晶闸管器件的脉冲，应为振荡器电路。电路中贴片 IC 器件为 1455B，（当时）单看型号标注不好确定是什么器件，将外围电路进行了简单测绘，由器件引脚和外围元件的连接方式，配合相关脉冲引脚的检测综合判断和分析，确定该器件为 555 时基电路，只是把原型号中的 5 "拆分成 14" 罢了。

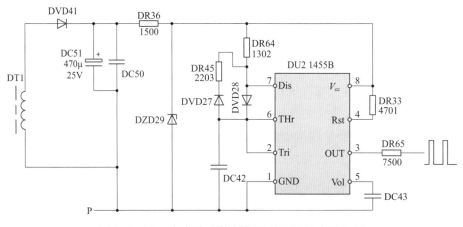

图 3-3-11　由电路功能判断器件型号的电路示例

从输入、输出信号变化和电路构成判断 IC 类型：

① 如果不能判断出器件是数字或模拟 IC 电路，要细心地从器件的信号输入、输出脚，根据输入、输出脚外围电路的形式，判断器件类型。

如 IC 电路的输入、输出脚之间有反馈电阻，再测量输入、输出脚之间的电压关系（有时可人为送入一个直流电压信号，测输出电压的变化），呈现信号放大状态，说明该 IC 器件为运算放大器电路；测量 IC 器件的输入、输出信号之间的逻辑关系为 "非"，即输入为 0V，输出为 +5V，可确定器件为反相器（非门）数字 IC。

② 已经确定为数字 IC，但不好确定是哪种逻辑门电路，可以细心找出（或测绘部分电路）信号输入脚，如信号 1 脚入、2 脚出，且电压值呈现反相 / 同相关系，为非门、同

相驱动 / 缓冲门电路等；若为 2 引脚信号输入、1 引脚信号输出，测量输入电压和输出电压，根据输入、输入信号电平之间的逻辑关系，一般可判断出电路为与门、与非门、或门、异或门等器件类型。

> 大部分贴片 IC 电路，可由标注型号查到相关资料，判断器件类型并不是想象中的那么费力，少数器件，可由上文所述方法，在一定程度上"破译"出器件类型和型号。

3.4　贴片 IC 的代换

工业控制线路板，如变频器设备电路中用到的 IC 器件，除 MCU 外围电路中用到的存储器、RS485 通信电路等专用器件外，多为用于电流、电压、温度等检测电路的集成运算放大器 / 电压比较器和少量数字 IC，处理直流和数千赫兹以下脉冲信号，具有"通用型"特点，一般性能的 IC 器件均能满足代换要求，只要适宜安装，引脚功能一致，供电电压范围合乎要求，就可以代换。除非特殊电路中的应用，一般不必在意器件的输入阻抗、输出能力、工作频率等参数。对于电阻元件，只需考虑阻值、功率（尺寸），除非特殊电路要求，对于精度和误差无须考虑；对于其他元件的要求，也大致如此。

① 用同型号贴片 IC 代换是最省心、省力的一个方法，需要手头储备一些常规备件，数字 IC：HC08、LS14、HC240、HC244 等；运放电路：LF247、LF253、LM224、LM258 等；比较器：LM293、LM239 等。原则是常用的、代换性好的备足，用量少的可以即用即购。

② 用型号不一致但电路功能一样的贴片 IC 代换。如运算电路 LM324 和 LF347 的引脚功能完全一致，双电源供电时可直接代换。LM358 与 HA17904 的引脚功能完全一致，可直接代换。数字 IC 也是一样，多数型号有差异但引脚功能完全一样的器件，一般情况下可以直接代换。

③ 用普通 IC（塑封双列直插）代换贴片 IC。如 LS14 可用 74LS14 塑封双列直插的普通器件进行代换。对于损坏率低，用量不大，或需要应急修复的，也可以用普通 IC 器件代换，但需要细心焊接引线，引线尽可能要短，并做好元件的固定。

需说明的是，当今时代物资的丰饶和物流业的发达，为储备和采购配件奠定了最坚实的物质基础；互联网的普及，为查找器件资料提供了最大便利。如果经过合理筛选后，将维修配件"备足备齐"所需的经济投入也并非不可承受（笔者的备件箱中有常用 300 余种配件，几千元投资，全了）。

贴片 IC 元件，由于新型号、新器件层出不穷，维修者手头不可能有完备的资料，因而要在实践中不断强化自己破解标识和搜寻资料的能力。网络的发达给查找资料提供了相当大的便利，笔者的资料主要来源于网络，虽然以英文资料为多，但有聊胜于无。即使为外文资料，器件的引脚功能、主要参数和电路框图，不懂英文的人，也还是能大致看懂的。

第4章

如何"跑"电路及线路板测绘

4.1 先认识一下实物

某人说会修电路板,若问之:你会跑电路吗?如答曰不会,则实现自我"翻案"。修电路板而又不需要跑电路,未之有也。能"跑"电路,即具备追踪某电路信号流程的能力,是检修成功的一大要素。修工业控制线路板,主要工作任务无它,"跑"电路而已。

图 3-4-1 ~ 图 3-4-3 给出 3 个线路板实物图示,管中窥豹,仍可看出当今线路板的工艺技术水平已经非常之高,蚂蚁式密集的元器件排列、细如发丝的铜箔走线、贴片涂覆工艺的实施、多层铜箔板走线解决了元件密集排列的问题,MCU/DSP 等器件的采用,使设备的智能化、自动化程度跃升至全新的境界。

初看之下,"跑电路"从何"跑"起?元器件的拆焊是否容易?线路板的故障可以修复吗?一大串问号必然蜂拥而至。

线路板采用的是 2 ~ 8 层线路板,2 层的已经非常少见,常见是 3 ~ 5 层左右的板子,很多人会想到"跑电路"——故障修复的难度问题。

2 层板与多层板的差异:2 层板的 A 面面铜箔走线经过孔至 B 面铜箔走线,两个连接点在正、反面的同一位置;多层板 A 面经过孔至 B 面的连接点在物理空间上可能不是同一个位置,可能是离得很远的令人想不到的一个位置,就好像游泳池中,一个猛子扎下去的人,不知会从哪儿冒出来一样。其实我们想啊,无论多少层板,最终电路元器件要贴覆在正、反两面上,本质上还是两层板啊,只不过找出在原理图上紧挨着的两个点,在线路板实物上可能是离得较远的两个点而已。

有些朋友想出妙法,万用表笔插入铜刷,满板子去刷,蜂鸣器响时就找到"点"了。笔者是往"可能是的点"上下表笔,找到连接点。换言之,笔者是根据线路板上参照物,预测信号走向后,再下笔测量的。初始阶段,是跟着电路跑,后来跑熟了,是电路(信号走向)跟着笔者跑了——我说往哪去了,大多时候真就往哪去了。无它,唯心熟手熟而已。

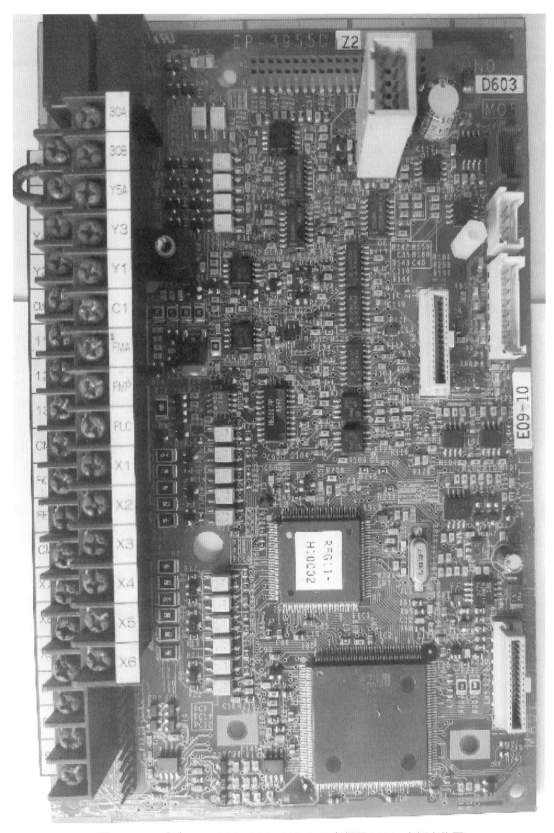

图 3-4-1　富士 FRN200P11S-287kVA 变频器 MCU 主板实物图

图 3-4-2　富士 FRN200P11S-287kVA 变频器电源 / 驱动板实物图

图 3-4-3　施耐德 ATV71-37kW 变频器 MCU 主板实物图

4.2　先确定要跑的大致区域

跑电路，一是为了故障检修，二是为了图纸测绘。前者应用最多，如果笔之于书，多为简化图，起到以利信号源流程的指引，便于故障环节判断之效。

因而针对具体故障情况，若有必要跑电路，先要确定"跑"的大致区域。

4.2.1　输出电流检测电路的区域划定

如图 3-4-1 所示的板子，遇有电流检测相关电路故障时，应该跑的区域：

① 应该大致限定于运放、比较器 IC 器件为主的电路部分。

② 针对运放电路，还可以再将与控制端子有联系的模拟量信号输入、输出电路排除在外。

③ 线路板上明显的标志物，即电流传感器的接线端子，此为检测电路的首端入手处；比较器电路则可能为电流检测的末端入手处。

④ 需测绘的区域，可以截取如图 3-4-4 所示的电路部分。在实际跑电路的过程中，还可以"剔除不相关"的部分，真正为我所取的并非一大片，只是一小块。

图 3-4-4　从图 3-4-1"截取"所得的测绘区域 1

4.2.2　直流母线电压检测电路的区域划定

图 3-4-2 中，首先明了直流母线电压的采样方式大致有 4 种：

① 从电路 P、N 点，由大阻值电阻串联分压后，送线性光耦合器、差分电路处理所得。

② 由开关电源的次级绕组，整流滤波所得。

③ 从电路 P、N 点，由大阻值电阻串联分压后，分两路直接送入差分电路处理所得。

④ 从电路 P、N 点，由大阻值电阻串联分压后，直接送入 MCU 引脚。

虽然图 3-4-2 所示电路板是第一次接触，但未必就不能对其电路结构、形式和信号处理方式做出预测，理本一贯，已知的其他变频器的直流母线电压检测电路的形式，已经形成了重要的参考，所以笔者上手该电路板，据上文所述的"显眼的路标"——自 P、N 点，大阻值电路、线性光耦合器、差分电路等标志性地点和器件，很快、很容易地就找到了直流母线电压检测电路的相关区域，如图 3-4-5 所示。

图 3-4-5　从图 3-4-2 截取所得的测绘区域 2

4.2.3　其他电路的区域划定

图 3-4-2 所示线路板，剩下的部分，开关电源电路和 IGBT 驱动电路，目测即能分得清楚。一块线路板，依电路的工作用途或故障表现，切分成几个相对独立的部分来测绘或检测判断的话，它的复杂属性被消解，同时它的可分析、可测绘、可检测等属性得以提升。

4.3　先找地、供电端

检测或测绘电路欲实施的前提，是先找出供电端、信号地（指 ±15V 的公共地，即 +15V 电源负端），先解决万用表的笔端应该往哪儿搭，如何找出供电端是第一下手处。

据芯片供电脚落实信号地和供电端（及供电电压级别判断）。

8 脚运放芯片的 8、4 脚即为 +15V、−15V 供电一端（如图 3-4-6 所示）；通常 IC 芯片供电端必接有一只小容量（0.1μF 左右）的去耦 / 消噪电容，如图 3-4-6 中 C104、C105 即为供电脚所接电容，两只电容器的另一端即为信号 / 电源地。

图 3-4-6　据芯片供电端落实信号地和供电端

如果从布线铜箔来看（如图 3-4-7 所示），面积最大的铜箔即为信号地（因减小干扰之故），粗而疏的铜箔条为供电电源线（因流通电流较大之故），细而密的铜箔条为信号线（因信号电流小之故）。

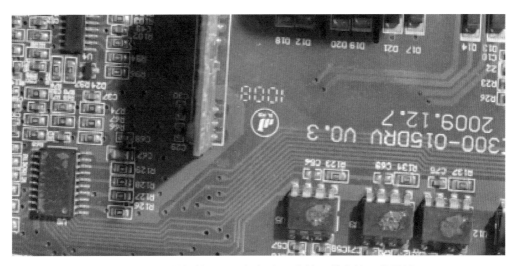

图 3-4-7　以铜箔面积、粗细来区分地、供电端、信号线

通常，在供电（引入）端，因滤波需要，并联有 10 ～ 100μF 左右的电解电容（如图 3-4-8 所示），换言之，每只电解电容的焊接点即为供电端。图 3-4-8 中上部有 3 只电容

（序号另行标注），其容量和耐压分别为 C1：220μF10V；C2：47μF25V；C3：47μF25V。右上侧 C4：47μF16V；右下侧 C5：220μF35V。

图 3-4-8　有电解电容的地方就是供电端

辨别方法如下：

① 据电容的容量和耐压标注进行辨别。显然 C1、C4 为 +5V 电源滤波电容，电容负极为地；C2、C3 分别为 +15V、−15V 电源滤波电容，+15V 滤波电容负极为地；C5 为 24V 电源滤波电容，C5 电容负端为 24V 电源地。

② 据电容引脚和 IC 器件的引脚连接进行辨别。C1、C4 电容的正极和数字芯片，如型号为 74HC14 的 14 脚（供电正端为同一个点），确定 C1、C4 为 +5V 供电电源滤波电容，电容负极为地；C5 的负极和控制端子上的 COM 端相通，确定 C5 为控制端子 24V 滤波电容；C2、C3 分别与运放 IC 器件的供电端相通，则知其为 +15V、−15V 电源滤波电容，可知电容正极接地的为 −15V 滤波电容。

③ 据接线端子排、继电器等标志物来确定。右下侧 C5 靠近继电器和控制端子，观察继电器工作电压为 24V，故推测 C5 为 24V 滤波电容；右上侧 C4 紧邻操作显示面板的插座，已知操作显示面板的供电电源电压多为 +5V，故推测 C4 为 +5V 滤波电容的可能性为大。

上述①②③应当灵活结合起来进行综合判断，如从电容的容量、耐压和连接 IC 供电脚上进行综合判断，则能提高判断的准确程度。

诊断电路故障或者测绘电路，竟然找不到表笔的搭接处，那就尴尬了啊。一个有经验的检修人员，放眼线路板，到处都是供电端，到处都有信号地，才对头啊。

4.4　知道在哪里停就会画了

经常有人请教我如何画电路图，当我告知：知道在哪里停就会画了。我已经毫无保留地说尽全部秘密，但对方总以为我还有更多的秘诀，故意不说。

先行找出供电端和信号地（注意信号地也是供电的一端）意义正在于此。跑信号流程或进行电路测绘，当某点是地（或其他供电端），但跑电路者却以为是信号传输过程中的一个点时，就"悲剧"了。然后很多的元件都连接到该点上，没完没了，最后整个电路的连接都乱套了［如图 3-4-9 中（b）电路所示］。

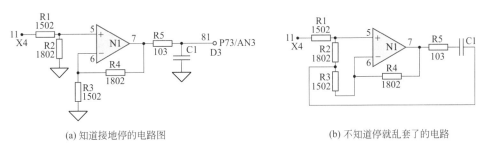

(a) 知道接地停的电路图　　　　　　　　　　　　(b) 不知道停就乱套了的电路

图 3-4-9　接地的重要性画图举例

一个两端元件（如图 3-4-9 中的电阻或电容元件），要么一端接地，一端是信号点，如 R2、R3 和 C1；要么信号从左端输入、从右端输出，如 R1、R4 和 R5。只要元器件的一端和地是通的，标注上接地符号后，该端电路即行结束，元件的另一端必然为信号端。

4.5　攻克一路，全军缴械

线路板大，元件数量多，不代表电路类型多，也不代表跑电路的复杂程度就高。如图 3-4-2 的线路板，占板面三分之一的部分是 6 路驱动电路，只要跑出其中一路（跑出全部驱动电路的 1/6），测绘任务即完成了 90%。因为有了一路的"电路范本"，其他电路几乎可以照葫芦画瓢，只是标注和区分元器件的序号基本上就可以了。

图 3-4-10 能直观地说明这个问题。所以对大片电路的畏难情绪是不必要的，也许事情远没有想象中这么复杂和困难。

再比如图 3-4-1 电路板中的输出电流检测电路，因为采用可编程形式的运放电路，其复杂程度远高于一般的检测电路，但是好在 3 路电流检测电路在电路构成上是完全一样的。认识到这一点，电路的复杂程度和元器件数量（同时也代表着测绘工作量）马上"降低了 3 倍"！这应该是一个相当令人振奋的消息。

工业控制线路板，往往是处理多路相类似信号的电路板，如信号端子板的数字控制信号输入电路，一大片可能多达十几路，但从电路结构上看，一大片电路只是结构简单的一个电路而已。

更多的时候，我们碰到的都是无独有偶的电路，这样提示，也许对振奋检修人员的工作信心和热情，是有帮助的。

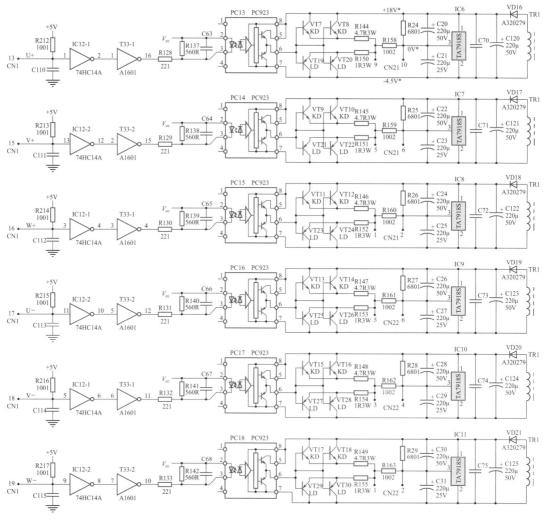

图 3-4-10　6 路完全一样的驱动电路例图

4.6　画电路图的方法

介绍几个绘制电路图的小方法。

4.6.1　先按物理位置画草图，再加以整理

测绘时，对于线路板上 IC 器件引脚，可初步按物理排列次序画出 [图 3-4-11（a）]，与 IC 引脚相连接的元器件也依次绘出，草图难免走线杂乱，但是应该乱中有序，信号的输入、输出还是要看得清楚才好，尤其是接地点、供电端要搞清楚。

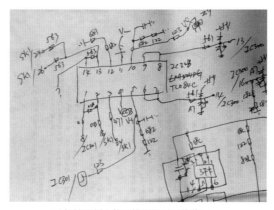

(a) 按线路板上物理排列位置画的草图

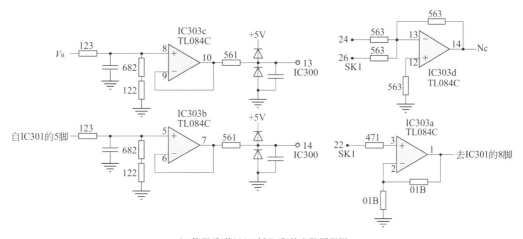

(b) 整理后(将IC303拆分后)的电路原理图

图 3-4-11　草图与整理后电路图对比图示

然后再根据草图，为了分析电路信号流程的方便，最好将 IC 器件（如图中 IC303 的四运放器件）拆分为电压跟随器、同相放大器、反相求和电路的电路单元，最终整理成为便于储存、打印阅读的电路图纸［图 3-4-11（b）］。

4.6.2　直接将 IC 拆分后画出

如果画得熟了，可以在草图上直接进行单元拆分，这样整理成“正规图”的工作量就小多了。

如图 3-4-12 ～图 3-4-14 所示，先由实物绘制草图，由于对四运放 IC 器件的功能、引脚比较熟悉，绘制草图时已经拆分为单元电路，在此基础上，整理成电路原理图，就相当省力气了。

在绘制原理图时：

① 尽量按信号的传输流程，以左侧输入、右侧输出的电路布局来画，作为故障检修的参考资料，便于阅读和故障分析。

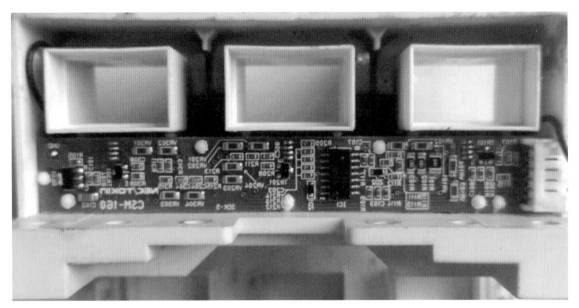

图 3-4-12　三菱 F700-75kW 变频器电流传感器实物图

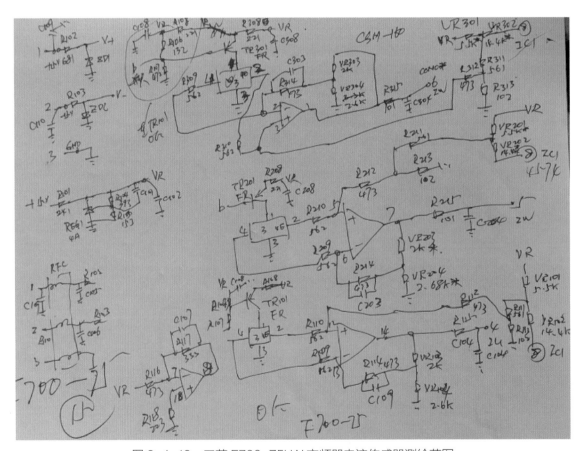

图 3-4-13　三菱 F700-75kW 变频器电流传感器测绘草图

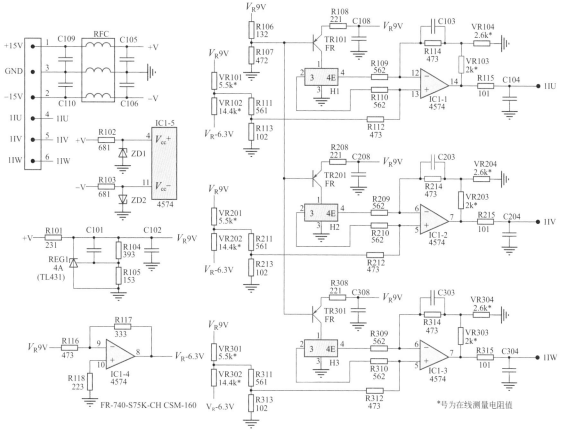

图 3-4-14　三菱 F700-75kW 变频器电流传感器整理后原理图

② 交叉点尽量少，把一点（如接地点和供电端、基准电压端）分成多点，标注清楚即可。如图中多个元件的接地点独立标注，并不全部连成一体，避免走线繁乱，读图困难。

③ 将 IC1 拆分为五个部分：四组独立运放电路和供电端电路（IC1-5）。

④ 供电电源、基准电压源单独画出，也是出于避免出现更多的交叉线，造成"跑图"费劲。

整理原理图的一个原则是信号流程一目了然，脉络顺畅，条理清楚，令人读图愉快。所以笔者往往绘制草图占一半时间，愿意花费另一半时间用于对草图的整理上。使用绘图软件制图时，可以调用现成的元件库内的元件图形，非常省事儿。但有时为了图的效果，也可以自行制作元器件图形，笔者习惯采用费劲的方法，元件的图形大多为自行绘制。

在笔者看来，观看一份布局疏密得当、信号流程清晰、将所有元器件都放对了地方的电路原理图，如同欣赏美景一样，具有养眼和提神的功效啊。

4.6.3　画出来看不懂就失去意义——整理的重要性

整理的要义是：将元件放对地方。从物理空间上放对地方。

图 3-4-15 的 3 种安排元件位置的方式，虽然在电路连接上并没有错误，（a）电路可一

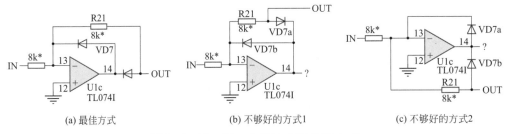

(a) 最佳方式　　　　　　(b) 不够好的方式1　　　　　　(c) 不够好的方式2

图 3-4-15　同一电路的 3 种绘制方式

眼看出为精密半波整流电路；（b）（c）电路看起来费劲，跑图分析原理也费劲儿。并且很容易把 U1c 的 14 脚看成输出端，导致原理分析（和外围电路上的联系）上的"无解"。

　　因而对草图的整理，一定要尽量整理为（a）电路的画法才顺眼啊。

第 5 章

预测学及其他

5.1 信号电压预测学（前、中、后级电路之间的电压结构关系）

　　线路板检修过程，万用表下笔之际，如果尚不知道测试点的电压值（或电压的大致范围），尚不知道好的状态应该是什么样子的，就没必要动手去测量，测量也是无效劳动。这和一个成语的意思差不多——胸有成竹：心中有了竹子的形状，才可以下笔去画竹子。

　　模拟电路信号流程中的各关键测试点电压值，是可以预测的吗？

　　下面以 3 例变频器直流母线电压检测电路为例，来解答这个问题，见图 3-5-1 ～图 3-5-3 电路实例。

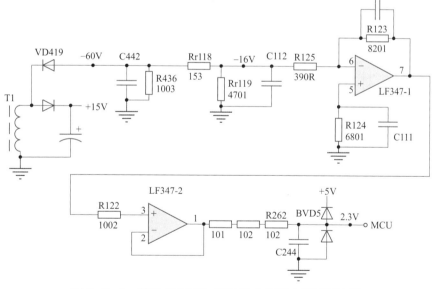

图 3-5-1　普传 PI3000-55kW 变频器电压检测电路

5.1.1 图 3-5-1 所对应实际电路的电路形式判断和关键点的电压预测

　　LF347-1 为前级电路：本级电路结构为反相衰减器电路，输出为正的电压信号。

　　LF347-2 为后级电路：本级电路结构为电压跟随器，输出信号至 MCU 引脚。

未上电测量前对各点电压值为未知的情况下，如果从信号末端向采样点倒推的话：

① LF347-2 电压跟随器输入、输出端电压应为 MCU 供电的一半左右，即 2.5V 左右。采用电压跟随器电路，仅起到信号缓冲作用，说明前级电路的输出电压幅度已经合乎 MCU 输入信号的要求，即为 2.5V 左右。不需要 LF347-2 再作为放大、反相或反相衰减的处理。

② 从整流二极管 VD419 的方向来看，采样电压为负压（不符合 MCU 对输入信号的要求），故需反相衰减处理后送入 MCU。若已推知其输出端电压为 2.5V 左右，则可进一步推知 VD419 整流电压值约为 -65V。

如果上电测量已知 VD419 整流电压为 -60V，则可推知 LF347-1 一定为反相衰减器电路。如果 LF347-1 输出的电压幅度已经适宜，则可直接输入至 MCU 引脚或经电压跟随器输入至 MCU 引脚。

同理，若已知 LF347-1 输出电压为 2.5V 左右，其后级电路的形式或信号处理手段可以预知：

① 该信号经电压跟随器缓冲后送 MCU 引脚；

② 该信号采取电压钳位等简易措施后直接送 MCU 引脚——也可能会省掉电压跟随器。

图 3-5-1 电路中各点电压在上电检测已知或未上电、未知的状态下，都可以对电路的功能和输入、输出关键点的电压值（或大致范围）做出预测，为故障判断带来依据。

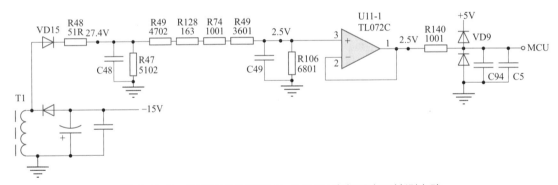

图 3-5-2　德瑞斯 DRS2800-3.7kW 变频器电压检测电路

5.1.2　图 3-5-2 所对应实际电路的首端、末端信号电压值预测

VD15 的整流输出为信号首端；U11-1 输出端为信号末端。

U11-1 为电压跟随器的电路结构，输出信号（信号末端）电压直接引入 MCU 引脚：可知输入电压信号为正的电压值，而且电压幅度约为 2.5V。

由此可推知信号首端，即 VD15 的整流信号电压约为 28V。

如果上电测 U11-1 输出端电压偏离 2.5V 太多，电路处于故障状态。测 VD15 的整流输出电压远低于 28V，可能为 C48 失效所致。

5.1.3 图 3-5-3 所对应实际电路的前、中、后级电路的电路结构及电压值预测

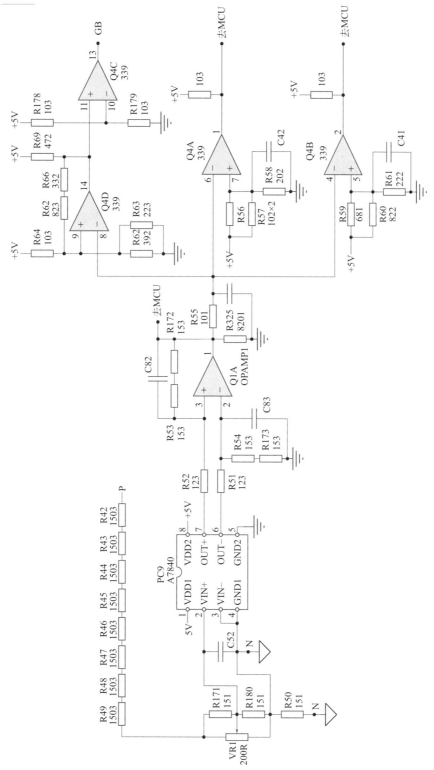

图 3-5-3　富士 P11S-90kW 变频器电压检测电路

　　前级电路是串联电阻分压和 PC9 线性光耦合器构成的电压采样电路，因为 PC9 为差分输出方式，可预知后续即中级电路多为差分放大器的电路结构，即 Q1A 及偏置电路。

　　Q1A 输出信号直接送入 MCU 引脚，则可知该信号电压的正常幅度应为 2.5V 左右。

　　Q1A 输出信号又分为 3 路，送入后级 3 路电压比较器的反相输入端，可知 Q4A、Q4B、Q4D 的电路形式，为 3 梯级结构的梯级电压比较器电路。从其同相输入端基准电压值的高低，可做出一梯级、二梯级、三梯级的"身份认定"。

　　Q4A、Q4B、Q4D 的比较基准电压起始点应高于 2.5V 的 1.3 倍左右，并依次升高。也可以进一步确认：Q4A、Q4B、Q4D 等 3 级梯级电压比较器的任务，是产生 OU1、OU2、OU3 等 3 个程度不同的过电压故障报警信号。

　　关于电路结构和各点电压值的预测，相类似的情况还有很多，如：

　　差分电路的静态输入一定是共模信号（即零信号状态：两输入端电压值是相等的）；高电平有效的复位电路，常态 / 静态下一定是低电平；正、负供电的放大器输入、输出端静态电压多为 0V；单电源供电的放大器则其静态工作点电压多为 $0.5V_{cc}$；运放的输出电压一定和基准电压相关联，知道了基准值，也就知道了输出值（请参阅本书第 1 篇第 9 章"放大器的预置基准"）。

> 　　如果检修者能够用心，会发现时时处处，故障的发生总会有迹可寻，电路各点的电压值或工作状态，都是可预测的，进而是可知的，因而无论线路板处于什么样的状态，都是可以检测和判断的。

　　人有时候会耍赖皮，但电路不会的，因为电路一定是按"规则"行事的。掌握其规则，也就有了预测的基础。

5.2　交流和直流，静态和动态，电压和电流

　　有哪位老师曾经讲过，动态是驮载在静态之上的，静态是马，动态是人骑在马上前进。马是好的，人才能借力前行。感觉对，又感觉不太贴切，仍然是把静态和动态看成是"两个东西"。

　　直流电压挡只能测试直流电压，交流电压挡只能测量交流电压。电路的静态是直流工作点，动态时传输交流电压信号，动、静态是"两个东西"。

　　电压和电流，是两个测试量，两个名称。

　　以上为"常见"。

　　其实在"常见"眼中所谓的"两个东西"，是一片树叶的两面，离开谁都不成立（它们从根本上也无法截然分开），它们一定是相辅相成的"一个东西"。

　　动态和静态、交流和直流、电压和电流，泾渭分明，有时竟有水火不能相容之势。二

者本为一体两面，互为依存，分得太清楚，即会入偏，即会形成人为的"理论拦路虎"。

可以试着慢慢地将其看成是"一个东西"，然后豁然开朗起来，不再纠结和怀疑。使复杂的事情归于简单，摘花飞叶，俱成利器。

举个例子。未起风时，杭州西湖（假定）水位约 2 米，水量 1429 万吨，是静态。大风起后，浪高达 3 米，是动态。其实 3 米波峰的形成，是 1 米波谷的形成所促成的。还是那些水，没有变多也没有变少，只不过有了动态的高低。而平均水深还是 2 米，水量还是 1429 万吨，所谓"不增不减"者是也。可见动态还是等于静态，静态同时也早就蕴含了动态（所需的能量）。

再举例，如图 3-5-4 所示波形图。

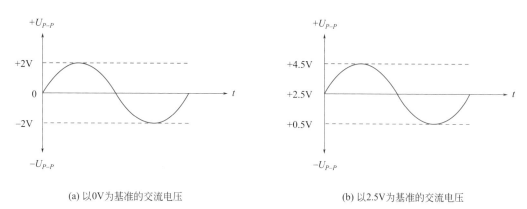

(a) 以0V为基准的交流电压　　　　　　　　(b) 以2.5V为基准的交流电压

图 3-5-4　两种基准电压不同的波形示意图

图（a）波形为正弦波。若从直流角度来看，动、静态均为 0V，和电压幅度无关，0V 才是正常的动、静态电压，如能测出直流电压值即为故障。

同理，检测三相电网电压或变频器输出的 U、V、W 输出电压，用直流电压法判断输出电压是否平衡，可能更直观，测出直流电压值不为零，即为不平衡。直流电压值为 0V，说明平衡度优良。

图（b）波形，静态直流电压为 2.5V，动态电压仍为 2.5V，动、静态的位置不变，才是正常表现。动、静态直流电压有别，说明电路质量不佳。

从信号能量角度看，(a) 波形和 (b) 波形的信号能量是相等的，其变化范围都为正、负 2V。从交流角度看，二者的信号电压幅度是相等的（是同一个信号）。只不过前者的基准为 0V，后者的基准是"抬高了的" 2.5V 而已。换句话说，在信号处理流程中，(b) 信号到达目的地时，虽然"换了个外套"，但"此人"还是 (a) 信号啊。

工频交流电的频率是 50Hz，我们把它的变化速度放慢来看，图 3-5-4 的 (a) 波形中，交流电里同时又藏着直流电。正半周，即是由 0V 慢慢变成 2V 的正的直流电压；负半周，即是由 -2V 到 0V 的负的直流电压；分成正、负半周，就看到了直流成分。交流电是随时变换正、负极且电压幅度也在变化着的直流电而已。直流电也可看成是变化频率极慢极慢的交流电，把通电、断电动作算作一个工作周期好不好？交、直流，又怎么可以截然分开？

因而随地可取的直流电压信号近乎是万能信号源，有时候一把镊子和一根导线，就是信号发生器。而且把信号的发生过程"放慢后"，在一定程度上，测量更为方便和准确，（施加给定的直流电压值）更便于做出定量分析。

变频器运行中，负载电机的运行电流信号，最终作为直流电压送入数据处理中心MCU/DSP 器件的引脚。若 200A 负载电流对应直流电压信号为 2V，给检测电路送入 2V 直流电压，这和真实的拖动电动机运行，有什么两样？对检测电路的检测效果近乎是一样的，后者更容易实施和测量判断。

成为电路，同时要有电压、电流和电阻三个量的存在，其实三个量中的任意两个量都能反映另外的一个量，欧姆定律早已经告诉我们，只需关注量的变化是否明显而已。故障检测中，有时候一个量的好坏，能完美反映另外两个量的质量：一个闭合回路的电流值"一下子就能反映出整个电路"的好坏，整个回路中电阻和电压的质量情况，这在本书第 1 篇第 1 章第 1.4 节"检修运放电路的理论基础"中已有论述。检测时要选能明显反映问题的测试项，测试值如果不能说明问题，检测动作就是无效劳动。无效劳动是应该避免和可以避免的。

5.3 "虚断"规则不仅仅是运放电路的专利

运放输入端"既不流入电流也不流出电流"的"虚断"规则已成共识，利用其原则进行故障诊断，一些"专业人士"突然就不自信也不专业起来，换片代换法成了"最后的绝招"，让人徒叹奈何！

但"虚断"也并非是运放电路的专利，它一定也适用于绝大部分 IC 器件，如电压比较器、数字芯片、MCU/DSP 器件输入端的特性，是"既不流入电流也不流出电流"的。

明白了这一规则和掌握此一检修方法后，对近一半的集成 IC 器件故障，快速检测和判断才成为可能。

为全面说明检测方法的应用，也给出部分数字电路的示例。

图 3-5-5 中（a）（b）电路，当 R1 两端有了明显的电压降，或者 R2、R3 的端电压比不等于阻值比（说明因器件输入端内电路损坏而干涉了分压）时，故障明确指向 N1、N2 芯片已经损坏。

图 3-5-5 中（c）电路，在 A、B、C 端信号使内部开关为闭合状态时，U14a 输出电压 ≠ 输入电压，故障明确指向 U14a 已经损坏。器件的输入端不应对输入信号电压造成明显影响，否则可认为器件损坏。

图 3-5-5 中的（d）（e）电路，R1、R2 的端电压应为 0V，若已产生明显的电压降，故障明确指向 N3、N4 芯片已坏。

图 3-5-5 中（f）电路，只要 IN 信号在 MCU/DSP 的供电电压范围之内（正常状态下应在其范围之内），测 R1 两端如有明显的电压降，则故障明确指向 MCU/DSP 器件已经损坏。

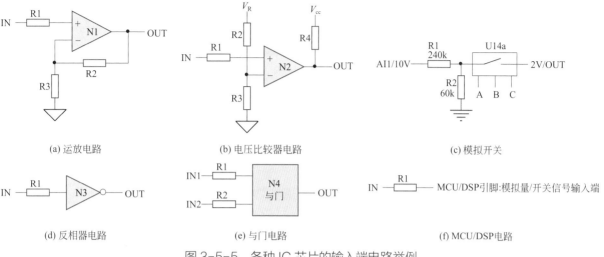

图 3-5-5　各种 IC 芯片的输入端电路举例

　　如果能有效利用"虚断"规则这个武器，它的锋利程度不亚于（说准确点是远超于）某些高档高端的检测设备啊。

5.4　可以动手脚的地方和不能动手脚的地方

　　大部分 IC 器件，如上所述，其输入端具有"高阻特性"，其输出端具有"低阻特性"，这在产品制造上，其实是为了既不损失输入信号电压，又能有较强的输出带载能力而考虑的。

　　在 IC 器件的输入端，输入器件供电范围以内的信号电压，同时监测输出端的电压变化，可以确定器件的好坏。把器件输入端接入供电正端或地端，即为器件输入"1"或"0"信号，也是一种"信号电压或信号电平"的输入方法。

> 　　检测动作实施的关键是找准下手处，落实输入端——芯片的输入端不见得就是输入端。

　　图 3-5-6 中（a）电路，R1 的两端都可以看作为输入端，如果处于 IN（图中标注点）点为悬空状态，则施加检测信号电压（如 2V 直流电压），可以任意加在 R1 的左端或右端；如果 IN 点与前级电路相连接，则可在 R1 右端施加直流电压，以利检测（确保检测动作不会造成前级电路的损坏）。

　　图 3-5-6 中（b）电路，N2 芯片的 2 脚已经不是输入端，施加检测信号应该加在 IN 点上，但需注意施加信号电压不能造成前级电路的损坏！

　　图 3-5-6 中（c）电路，施加检测信号电压直接加在 N3 的 1 脚是安全的，因为有 R1 产生的对前级电路的隔离作用。作为数字芯片电路，将其 1 脚用镊子或导线直接接地，或将

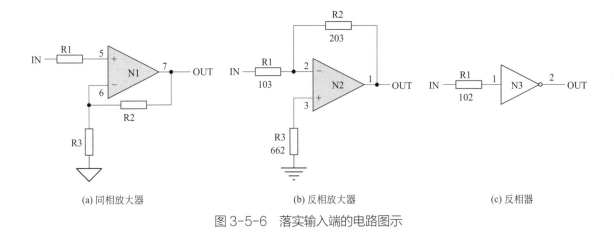

(a) 同相放大器　　　　　　　　(b) 反相放大器　　　　　　　　(c) 反相器

图 3-5-6　落实输入端的电路图示

供电 V_{cc} 点电压（如 +5V 正极）引入 1 脚，都是可以的，不必担心造成 N3 芯片的损坏——1 脚既不会流入电流也不会流出电流。

5.5　"脑洞大开"使普通检修装备的"潜能"得以显现

当我们把交流和直流、静态和动态、电压和电流都看作是"一"时，检测的"自由空间"已经得到极大的拓展：一台普通的直流可调电源竟然变身为"模拟信号发生器"；一台电流发生器就可以解决大部分如晶闸管、IGBT 等功率模块的"终端测试"问题；设备的满负荷状态，也可以轻松模拟了。普通维修电源从来未用到的功能不断显现出来，从单一的电源功能，到可以利用的几十个功能，等等。而且检测电路的工作电流，也不必非得应用断开电路的串联接入法，使用"并联测试法"也能准确测知某一电路的工作电流值，等等。

在此我也可以透露一个小秘密。ESR 电容内阻测试仪，是专为测试电容器的交流内阻而设计制作的，笔者在应用期间突然地拓展了它的另一功能（这犹如不经意间打开了一扇窗子）：能检测电容好坏的仪表，必然也同时能检测电感元件的好坏，反之亦如此。好电容的 ESR 值应极小（如小于 1Ω），好电感的 ESR 值恰好与之相反，应该极大（如大于50Ω）。电容与电感二者特性互补的关系，为使用同一块仪表检测两种性能相反的器件奠定了基础，只是测试数值呈现相反的趋势而已。

能够测试交流电阻的仪表，当然也能同时测试直流电阻。此为 ESR 表的第三项功能。所以直流电桥的电容、电感、电阻测试的三位一体功能——一个结构框架下的三个功能的实现，也就顺理成章了。一块简易 ESR 表，如果用得好了，大致也会显露出直流电桥的本领来。

　　如果我们能够用心，很多仪表和工具都会呈现出它平常一直在"藏着的本领"，为我们的故障诊断和检测而服务。

　　但应该配备的检测设备必须要配置：直流电桥在线测试电容、电感和小阻值电阻的优势，是其他检测设备所不能取代的；示波表（作为检修应用，不建议购用台式示波器）的应用，使我们可以轻松监测信号的三个量——频率、波形形状和电压幅度，其性能是再高档的万用表也无法望其项背的。直流电桥和示波表一类检测仪器，可称之为检修工作必备的"检修利器"。

　　对于本章内容更为详尽的展开（已经出离本书的范畴），在本套丛书的后续读本，希望读者予以关注。

第6章

先两端后中间与扫雷法及其他

变频器输出电流检测电路，是一大片由图上看以三角形器件（运放器件和电压比较器）为中心的电路，如果测绘电路，是耗费工时最多的地方（数字电路的信号处理模式则简单得多），通常一个点上分出多支，头脑一个欠冷静就画得混乱了，测绘难度过大。网络上能查到的类似电路很少，可能是其原因之一。

如果从检修角度看，是否修复任何与电流检测相关的故障，都要把电路跑全，甚至搞出测绘图纸来呢？也不尽然，这和快速检修的宗旨相违背。如图 3-6-1 所示的检测电路，上来可以尝试用较快与省力的检修方法，落实故障区或故障点，再开始对逐个元器件的细致检测。

6.1 电流检测电路中各点电压预测

以图 3-6-1 施耐德 ATV71-37kW 变频器输出电流检测电路为例，这是一个较为经典的三相输出电流检测的电路形式，包含了模拟量传输电路、接地故障检测与报警电路、短路故障检测与报警电路、过载故障检测与报警电路，构成比较完善的检测电路的结构。

6.1.1 电流传感器输出状态

排线端子 S500 是电流传感器的输出信号和电源插座，可知电流传感为 ±15V 供电电压，3 路输出信号为单端输出模式，自 3、7、11 端子输出接 40Ω 负载电阻后，将输出电流信号转变成输出电压信号后，送后级电路。

> 经此分析，可获得如下信息：
> ① 信号类型为电流输出型，停机状态当然为"零电流"信号；
> ② 从正、负双电源供电并结合单端信号输出来看，输出端必然为"零电压"状态。

6.1.2　模拟量信号处理的第一级——运放芯片 IC500 的输入端和输出端的状态

从图 3-6-1 中摘出该部分电路，并添加了后续位于 MCU 主板的 IC108 电路，如图 3-6-2 所示。

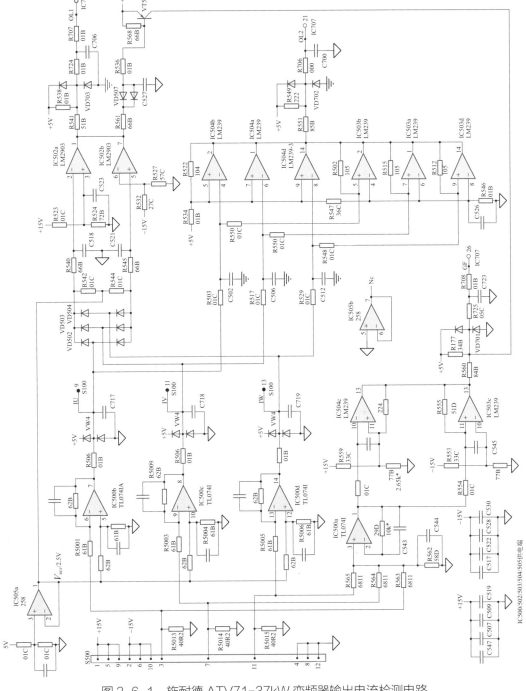

图 3-6-1　施耐德 ATV71-37kW 变频器输出电流检测电路

以 IC500b/c/d 为核心的 3 路在同相端预置 2.5V 的反相 2 倍放大器电路，IC505a 是 2.5V 基准电压发生器电路，据"基准决定输出"的原则，并据偏置元件的取值来推断，3 路模拟量输出电压值（二极管双向钳位中心点）都为 2.5V 左右。

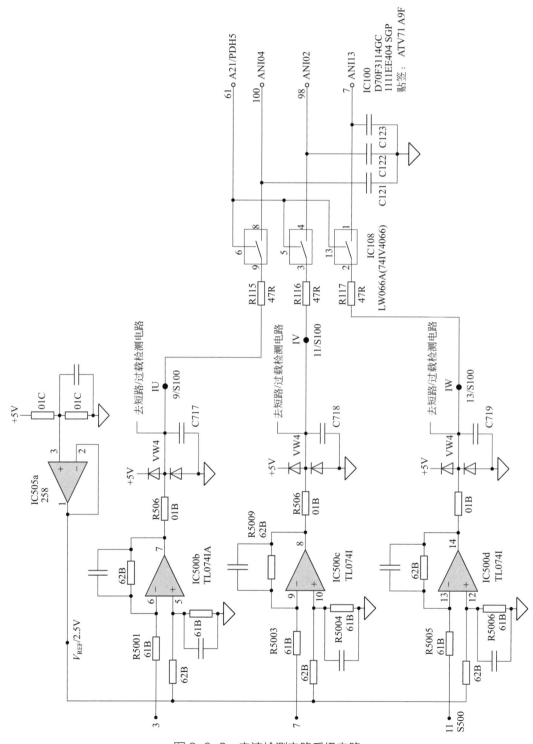

图 3-6-2　电流检测电路后级电路

3 路 2.5V 输出电压，除送后级比较器电路，由此取得过载 / 短路报警信号外，还经 S100 排线端子送入 MCU 主板电路，由 IC108（模拟开关）送入 MCU 引脚（见图 3-6-2）。显然在模拟开关闭合状态，在 IC100 的 7、98、100 脚应能测到 2.5V 的信号输入电压。此电压不为 2.5V，说明前级电路处于故障状态。

经此分析，可获得如下信息：

① 基准电压源产生的 V_{REF} 应为 2.5V。

② IC500b/c/d 的 3 路输入信号为 0V 和 2.5V，如此，前级电路没有问题。

③ IC500b/c/d 的 3 路输出信号都应为 2.5V 左右，不为此，该级电路故障。

④ 图 3-6-2 电路中，IC108 的状态为：IC100 的 61 脚为 5V 高电平时，IC108 的输出电压 = 输入电压 =2.5V，不如此，IC108 坏；IC100 的 61 脚为 0V 低电平时，输出端为 0V。

6.1.3　接地故障检测电路的输出端状态

从图 3-6-1 中摘出该部分电路，如图 3-6-3 所示。

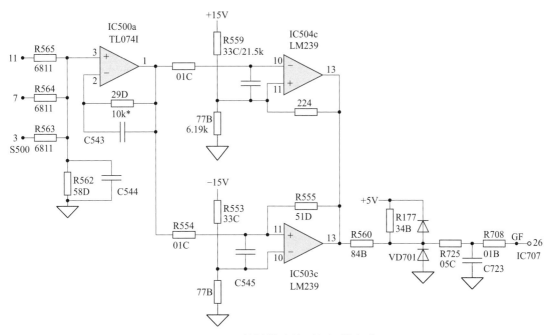

图 3-6-3　接地故障检测与报警电路

电流传感器输出的 3 路"0V"信号电压，同时也送入 IC500a 同相加法器电路，获得"不平衡接地故障电流"信号输出，再由 IC503c、IC504c 构成的窗口比较器进行电压幅度比较后，输出低电平的"接地故障报警"信号。

由图 3-6-3 可获得如下信息：

① IC500a 的 3 路输入为 0V，输出应为 0V。

② IC503c、IC504c 的基准电压应分别为 −3.3V 和 +3.3V，不为此，基准电压异常。

③ 因 +3.3V > 0V > −3.3V，故 IC503c、IC504c 的输出端 13 脚应为高电平 +5V。

④ 因 R725、R708 上电压降为零的缘故，IC707 的 26 脚应为 +5V 高电平。

6.1.4　短路故障检测与报警电路的输出状态

从图 3-6-1 中摘出该部分电路，如图 3-6-4 所示。

从前级电路来的电流检测信号，经桥式整流电路，获得只取出电压幅度不区分是哪一相的电流信号，与 IC502a、IC502b 构成的窗口比较器电路进行比较后，输出过载报警信号。

由图 3-6-4 可获得如下信息：

① IC502a、IC502b 输入端的信号电压约为 +2.5V。

② 不知 R523、R524 等阻值情况下，仍可推知其基准比较电压值应符合 $V_{Ra} > +2.5V > V_{Rb}$ 的规律。

③ IC502a、IC502b 输出端正常应为 +5V 高电平，为 −15V 输出时为故障报警状态。

④ IC707 的 20 脚电压正常应为 +5V，−0.6V 左右是故障报警状态。

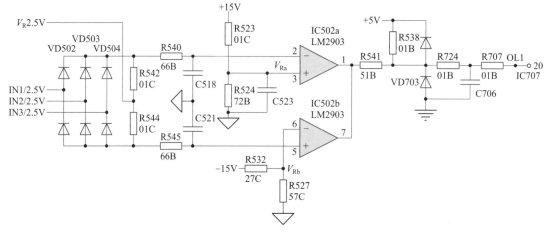

图 3-6-4　短路故障检测与报警电路

6.1.5　过载故障检测与报警电路的输出状态

从图 3-6-1 中摘出该部分电路，如图 3-6-5 所示。

以 IN1 输入信号处理电路为例，N1、N2 构成"片"比较器电路，输入信号与一个设置范围相比较，若符合 $V_{Rb} > IN1 > V_{Ra}$，则输出端为高电平的常态 / 正常态，否则为低电平的异常态 / 报警态。

由图 3-6-5，可获得以下信息：

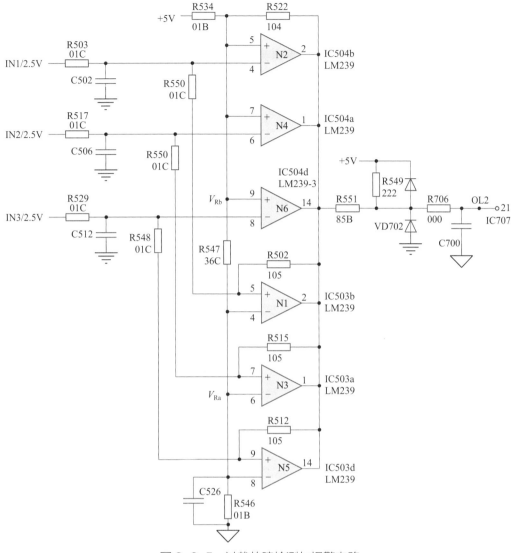

图 3-6-5　过载故障检测与报警电路

① 既为窗口比较器的结构，其基准电压的幅度必然满足 $V_{Rb} > IN1 > V_{Ra}$，已知 IN1 为 2.5V，则 V_{Ra}、V_{Rb} 的取值范围应该大致有谱。

② 电路结构为多路比较器并联输出，其输出端状态的常态为高电平，动作态为低电平。3 路信号共形成 6 端输入，某一路输入异常即会导致输出动作。

6.2　继续答疑

（1）如何确定图 3-6-4、图 3-6-5 所示电路的"短路或过载的身份"？

设计者应该是知道的，检修者也可以清楚吗？

是的，两个电路输入的信号幅度是一样的，但图 3-6-4 中比较器的基准设置高于图 3-6-5 的基准设置，故而输出结果的"故障程度更为严重"，若定义图 3-6-5 为过载检测与报警电路，则可定义图 3-6-4 为短路检测与报警电路。比较两电路的基准电压设置能得出结论。

（2）如何确定图 3-6-4、图 3-6-5 所示电路的"梯级和窗口比较器的身份"？

确定方法如下：

> 若输入信号同时进入两路比较器的同名输入端（如输入信号都进入反相输入端），即电路为梯级比较器结构；若输入信号分别进入两路比较器的异名输入端（一为同相输入端，一为反相输入端），即电路为窗口比较器的电路结构。

（3）在图 3-6-1 中，接地检测与报警电路和过载检测与报警电路，两者的输出还与一只 VT500 的晶体三极管发生关联，此为何意？

短路故障动作比接地故障动作具有优先权，短路报警动作后，晶体管 Q500 处于导通状态，接地报警信号被"强制"取消，即短路报警动作生效后，接地报警信号即被"人为忽略"。应该是设计者出于多方面的考虑而定的。

6.3　先两端后中间的快速检修法

对于图 3-6-1 的大片电路，逐次"跑电路"和逐点测量的方法显然不一定是必须用的。对于相类似电路的检修与测量，确立"先两端后中间"的方针是较为聪明的做法。两端：即某电路的信号输入端和信号输出端。

> 尤其是在无图纸情况下，如果仅靠确定检测电路的大致位置和供电电源情况不能明确故障情况，则可以运用"先两端后中间"的策略，快速落实故障区域或故障点，是提高检修效率的一个方法。

6.3.1　对模拟量信号传输电路来说

参见图 3-6-2 电路，其首端即电流传感器的输出端，也即 S500 端子的 3、7、11 脚，若都为 0V，3 只电流传感器都是好的，说明图 3-6-2 电路的输入信号都是对的。

如测 S100 的 7 脚不为 0V（如实测值为 4.3V），说明 V 相电流传感器已坏。

图 3-6-2 电路的末端若处于独立修板（与 MCU 主板相脱离）状态，则 S100 端子的 9、11、13 脚，可视之为信号末端；若电源/驱动板与 MCU 主板相连接情况下，则可将 IC100 的 7、98、100 脚视为末端。这需要视情况而定。

当然也可以将 S100 端子的 9、11、13 脚视为前级电路的输出端，将 IC100 的 7、98、100 脚视为后级电路的输出端，从而"掐点成段"地落实故障区域位于电源 / 驱动板还是位于 MCU 主板。

测 S100 端子的 9、11、13 脚电压都为 2.5V，说明位于电源 / 驱动板的模拟量检测电路是正常的；测 IC100 的 7、98、100 脚电压都为 2.5V，说明模拟量检测的前、后级电路都是好的。

作为信号首端的电流传感器的信号输出端，电流传感器插座的存在，其目标非常醒目易找。

对于信号末端"路标"的寻找和确定：

① 位于 MCU 器件附近的双向二极管钳位点，往往是 MCU 的信号输入端。

② 二极管钳位点的信号输入一定是来自运放器件输出端的，是本路信号作为模拟量信号的一个标志。若来自电压比较器输出端，则为开关量的报警信号。

③ 但是输入至 MCU 的模拟量信号大致有三个：即电压、电流和温度信号。对本机电路来说，只有直流母线电压检测和电流检测两种信号。区分电压和电流检测信号的方法如下：

维修电源多为电压可调的电源，使开关电源的供电电压变化起来，测二极管钳位点电压随之产生线性改变，即为电压检测信号。如此落实二极管钳位点的信号性质——输入为电压还是电流信号。

④ 输入至 MCU 的电流信号的静态电压应该是多少？

这是应该可以知道的，电路所传输和处理的模拟量信号，最终要送至 MCU 或 DSP 器件的模拟量输入端，电流检测信号也是系统正常运行所需的重要数据之一。从 MCU 或 DSP 的电源电压已经可以推断它们所需要的输入模拟量电压信号，最合理值是：

a. MCU 器件（电源电压为 +5V）的模拟量输入信号电压，应为 +2.5V 左右。从直流角度看，动、静态都应是 +2.5V。而从交流角度看，是以 +2.5V 为零基准上下在 0 ～ +5V 以内变化的信号电压。

b. DSP 器件（电源电压为 +3.3V）的模拟量输入信号电压应为 +1.7V 左右。从直流角度看，动、静态都应是 +1.7V。而从交流角度看，是以 +1.7V 为零基准上下在 0 ～ 3.3V 范围变化的信号电压。

c. 还有一个可能，即无论 MCU 还是 DSP 器件，输入模拟量信号的静态电压都应为 0V，而动态电压是 0V 至供电电压以下的信号电压，则可以推断其前级电路应该是精密半波 / 全波整流电路，已经将交流信号处理成直流电压，才送入 MCU 或 DSP 器件的。

6.3.2　对接地故障检测电路来说

参见图 3-6-3 电路，其首端仍为电流传感器的输出端。末端即为 IC707 的 20 脚。电压比较器 IC503c、IC504c 的两个输出端是并联在一起的，其状态只有"1"和"0"两种情况。

"0"为报警动作状态，单板检修时，应处于"1"的正常状态，若为"0"态，则说明处于报警动作状态，可由此前查，探明故障信号来源。

若测输出端处于非 0 非 1 状态，则由 R725、R708 上是否有电压降，准确判断故障在本级还是在 MCU 后级。

图 3-6-4、图 3-6-5 电路的首、末端略而不述，由读者自行判断和分析。

6.3.3　对图 3-6-1 整体电路来说

其首端，即为电流传感器的三个输出端：电路输入了 3 路 0V 信号电压。

其末端：

① 输出 3 路为 +2.5V 的模拟量信号电压；

② 输出 3 路（接地、过载、短路检测）高电平状态的开关量信号（表征着电路的正常状态）。

如果能找清检测电路的首、末端，则仅仅就数点的电压状态，可以检测成片电路的好坏了。先两端后中间的快速检修法，非常依赖检修者对电路的熟悉程度和"跑电路"的能力及经验。

对新手和相对较陌生的电路，除此之外，还有没有更为简单的办法呢？

6.4　故障点"扫雷法"

首先笔者并不提倡"盲扫"：指停电状态下，使用万用表的电阻挡、蜂鸣器挡或二极管挡，将线路板上所有元器件（如电阻、电容、电感）、IC 各引脚全部扫来一遍，从中试图发现故障的蛛丝马迹。

> 检修者首先要有明确的检修思路和检修步骤，有了大致目标和范围以后再去动手。检测电路是以 IC 器件为核心的电路，因而无论是外围元器件异常或是 IC 不良，都会在 IC 的引脚电压上表现出来。而且笔者认为：在线上电是最佳检测条件，一般不提倡和要求在停电状态下的满板范围内的"盲扫"行动。

① 针对电压、电流和温度检测电路，第一步可以由目测或测量供电电压法，找出线路板上的处理模拟信号的 IC 器件，如运放器件和电压比较器。

② 第二步，据"虚断"和"虚短"原则"扫荡"运放电路；据电压比较器规则"扫荡"电压比较器电路。

③ 发现异常后（找到故障在此的下手点），再从细检测（此时如有必要，可在停电状态下用电阻法），找出故障元器件。

"扫雷法"也是划定区域，有目的有方法地进行"扫荡"，并不是不讲原则地"全盘盲扫"，后者并非全然无用，仅是笔者并不提倡而已。

6.5 电路"首尾一通"法

有电路图纸（或者是已经把电路"跑通"）的情况下，便具备了确认和验证电路工作状态是否正常的条件，比如对于电流检测电路，甚至可以模拟"满负荷"状态下的工作状态，以验证电路是否具有正常的（动态）工作能力。

电流传感器的输出信号，假设是以 0V 为基准的，最大正、负电压幅度都为 2V，如图 3-6-6 中（a）图所示，所对应变频器"满负荷"状态下的额定电流值。那么采用图 3-6-6 中（b）所示信号，能否取代图（a）所示信号验证电路的动作是否正常呢？

或者再延伸一步，把图（b）信号的变化再放慢点，直接用直流的 +2V、−2V 代替图（a）信号，只要检测电路对 +2V、−2V 输入电压信号的反应是对的，也就说明：当输入图（a）信号时，电路也会自然工作于正常的状态下。

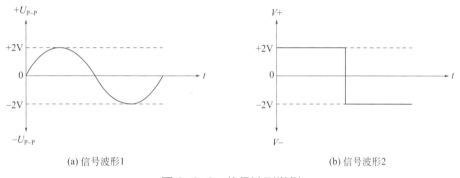

(a) 信号波形1　　　　　　　　　　　　(b) 信号波形2

图 3-6-6　信号波形举例

采用直流的 +2V、−2V 信号的优点：

① 把"信号动作变慢"，更易于用万用表直流电压挡，从容检测；

② 图 3-6-6（a）所示信号和 +2V、−2V 的直流电压，本质上是"一样的东西"，不要固执地、人为地把它们看成是"两个东西"！

因而对图 3-6-1 电路而言，在脱离电流传感器的前提下，只要将电路的首端 3 个点（也即 S500 端子的 3、7、11 脚）短接起来：

① 在首端对地送入 +2V 直流电压信号，测末端的 3 个模拟量输出电压值（如图 3-6-2 中的 IU、IV、IW 等 3 点电压值），由静态的 2.5V 变为 0.5V，则说明电路动作正常；

② 在首端对地送入 −2V 直流电压信号，测末端的 3 个模拟量输出电压值（如图 3-6-2 中的 IU、IV、IW 等 3 点电压值），由静态的 2.5V 变为 4.5V，则说明电路动作正常。

同理，在首端输入 ≫ +2V 或 ≪ −2V 的"故障信号电压"时，测过载、短路故障检测与报警电路的输出端，应由"1"态变为"0"态，说明电路对"动态输入信号"的反应是正常的。

　　检验电路对动态信号的处理能力，不一定需要接入电动机，把负荷开满进行测量——一般也很难满足这种条件，+2V、−2V 直流电压，也即是满载信号啊。

　　因为任何的运放电路其本质上都是直流放大器（哪怕它是传输交变信号的），所以可变的直流电压，也即是"万能的输入信号"。直流电压信号具有取材简便、成本低、适应面广、测试方便等无可取代的优点。

第 7 章

变频器输出电流检测电路实例

本章以数个电路检修实例，揭示检修思路的形成过程、运放电路各点信号的有效预测、故障诊断方法的具体应用，从而可尝试找到检修与诊断模拟电路故障的规律性的东西，为更广泛的故障检修提供有益的参考。下文电路中各点电压值，如果不是特别指出，都为直流电压值。

7.1 输出电流检测电路的经典结构

参考图 3-7-1 和图 3-7-2 的电路构成，我们先来探索一下关于输出电流检测电路的结构问题，即构成电路的要件有哪些？由此可生成一个"电流检测电路的范本"，为电路预测提供路标。

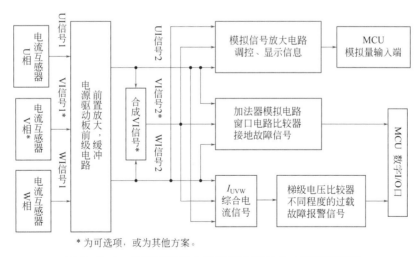

* 为可选项，或为其他方案。

图 3-7-1　变频器输出电流检测电路结构 / 信号流程图

变频器输出电流检测电路的构成大致如图 3-7-1 所示，可能采用电流传感器的数量会有所不同，图中以 * 作出示意：采用 3 只电流传感器时，经前级放大电路直接输出 UI 信号 2、VI 信号 2、WI 信号 2；采用 2 只电流传感器时，则由 UI+WI=VI 的方法生成 VI 信号 2*。

（1）前置放大 / 缓冲电路

将电流传感器输出信号，经初步同相 / 反相的放大 / 倒相 / 衰减处理后，形成 UI 信号 2、VI 信号 2、WI 信号 2，分成 3 个支路送后级电路。

（2）模拟量信号处理电路

处理成 MCU/DSP 所需的 0 ~ 5V/0 ~ 3.3V 电压幅度以内的模拟量信号，送入 MCU/DSP 的模拟量输入端，用于输出调控、输出电流显示等。通常采用反相 / 同相放大器、精密半波 / 全波整流电路，以取得所需信号。

（3）开关量报警信号处理电路 1——接地故障检测信号形成电路

通常采用 3 路输入的反相求和电路 / 同相加法器电路，取得"三相电流不平衡 / 接地电流"信号，再送入后级窗口电压比较器，取得接地故障报警信号。送 MCU/DSP 的数字信号输入端，用于故障报警和产生停机保护动作。

（4）开关量报警信号处理电路 2——过载故障检测信号形成电路

UI 信号 2、VI 信号 2、WI 信号 2，往往经精密半波整流（或其他技术措施）处理得到一路 I_{UVW} 的"全电流"信号，不再区分具体的哪一相信号，而只关注"全电流"信号的电压幅度。I_{UVW} 的"全电流"信号，送入后级由电压比较器构成的梯级或"梯级和窗口混搭"电路，取出 2 路或多路开关量的过载报警信号，送 MCU/DSP 的数字信号输入端，用于故障报警和产生停机保护动作。

如果硬件电路的设计是比较完备的，则大致符合图 3-7-1 所示的电路结构。需要说明的是：近几年的电路设计趋势，更多体现的是"由软件包揽更多的事务"，因而硬件电路结构上有"简化"的趋势，比如省掉外部接地故障检测电路，而由 MCU/DSP 内部"计算方法"生成接地故障报警信号等。

7.2　输出电流检测电路实例 1

中达 VFD-B-22kW 变频器输出电流检测电路，如图 3-7-2 所示。

7.2.1　简述电路原理及电路构成

（1）模拟量信号处理 1/ 前置放大级

排线端子 DJ2 与排线端子 J1/DJP1 之间的电路，为电流传感器之后的前置放大级，从 DR129、DR29 的阻值比例来看，DU1 电路是 3 路电压放大倍数约为 1.5 倍的同相放大器电路。

（2）模拟量信号处理 2/ 送入 MCU/DSP

U12a 是负的基准电压发生器，U2a、U2b、U2c 等 3 路（静态为负基准电压输入的反

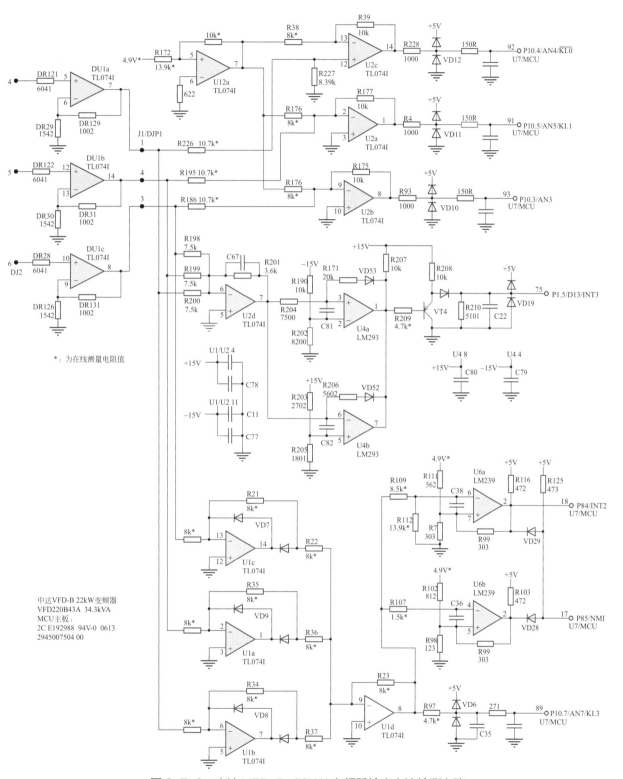

图 3-7-2 中达 VFD-B-22kW 变频器输出电流检测电路

相器，动态为反相求和电路的加法器）信号处理电路，形成 3 路模拟量电压信号送 MCU 的 91、93、92 脚。

（3）开关量报警信号形成电路 1/ 接地故障检测与报警电路

U2d 是反相求和电路，取得"不平衡电流信号"后经 U4a、U4b 组成窗口比较器，得到开关量的接地报警信号，再经 VT4 跟随输出，送入 MCU 的 75 脚。

（4）开关量报警信号形成电路 2/ 过载故障检测与报警电路

U1a、U1b、U1c 电路为正半波输入的精密整流反相器，将输入交变信号整流合成为负极性的 IUVW 信号输出，复经 U1d（反相求和）处理为正极性的 I_{UVW} 信号，送入 MCU 的 89 脚（这尚为一路代表输出电流大小的模拟量信号）。U1d 的输出信号同时送入由 U6a、U6b 组成的梯级比较器电路，得到开关量的过载报警信号输出至 MCU 的 18、17 脚。

7.2.2　故障诊断思路和诊断方法

（1）信号源头

VD10 ～ VD12、VD19 二极管信号钳位点是信号末端电路的特征，若测得各点电压都为故障状态，则说明故障点在信号源头，在总的检测信号分支之前——排线端子 DJ2 与排线端子 J1/DJP1 之间的电路，检测 U1a、U1b、U1c 等 3 路同相放大器有无异常。

（2）影响模拟信号电路的共同因素

对模拟量传输电路（U12a、U2a ～ U2c）来说，决定信号质量的共同因素，一是电源电压，二是基准电压，后者的影响甚于前者。运放的 ±15V 供电电源，其电压在 ±12 ～ ±17V，都算正常范围。假定处理信号电压范围在 0 ～ 5V 以内，则可允许供电电压的范围更宽。实际上，往往是供电电源丢失（如双电源中的 +15V 或 −15V 丢失），才会导致输出状态异常。

但基准电压的异常，犹如天平的砝码坏掉，称量的所有"数据"必然都是错的。如 U2a ～ U2c 的输出端电压，据推测应为 MCU 供电电源电压的一半左右。如果测量 3 路输出电压产生了统一的偏离，则故障已经明确指向基准电压发生电路，即 U12a 电路已经处于故障状态。

（3）影响比较器电路的共同因素

如上所述，基准电压的偏离，可能会造成比较器电路的输出结果错误。图 3-7-2 电路中，U4a、U4b，U6a、U6b 的基准电压来源分别来自 +15V、−15V 电源供电和 4.9V（由专用器件产生）的基准电压源电路。

如果检测 U4a、U4b 和 U6a、U6b 器件的两输入端都为 0V，结论是比较器的基准电压丢失。"虚短"是运放电路的常态，是比较器的故障态。

（4）直流电压是"现成的"好信号

如有必要，对模拟量信号处理电路，可在信号源头（首端——传感器脱离后的接线端子）施以 0 ～ ±2V 的直流电压，测模拟量电路输出端（末端）电压的相应变化，判断整个电路传输模拟电压信号的"质量是否优良"。

（5）"虚地"规则是"扫雷"妙法

图 3-7-2 中，模拟信号传输与处理，基础结构都是反相放大器，两个输入端符合"虚地"规则，适用"扫雷法"做出快速判断。运放电路的两个输入端都应为 0V，哪组运放输入端不为 0V，故障从此查起。

7.2.3　故障检修步骤和注意问题

总的规则是：先电源后信号，先软件后硬件，划定范围查故障；先有思路，掌握方法，心底有谱再下手；供电正常是前提，在线上电是最佳检测条件，相关规则是判断依据。

切忌上手即满板乱查、乱焊、乱换，将小故障修成大故障，把好板修成废板。但有一些同行的所谓"经验检修法"，如检修 IGBT 驱动电路，先将电解电容全部换新；检修电流检测电路，将所有 IC 器件全部换新再通电试机的办法，也有一定的道理。笔者虽不反对，也不提倡。

笔者提倡的检修步骤：

① 接手故障设备，先进行有无短路故障的检测，清除明显坏的元件。

② 先行着手对电源部分进行检查与修复，电源部分工作正常，是整机能投入正常工作的前提条件。甩开供电电源，先行修复其他电路故障的做法是不可取的。

③ 设备上电（尚未操作运行），操作与显示面板即显示 OC（意为加速中过流、功率模块短路、电机绕组短路等）故障代码，确认为硬件电路故障。

④ 着眼于模拟量信号处理电路，可以进一步落实到电流检测电路。对运放电路运用"虚短""虚断"规则先行"扫雷"，对于比较器电路用比较器规则进行测量判断，从中发现"战机"，一般情况下发现表现异常点，即故障从此处查起。

⑤ 从表现异常处、IC 芯片及外围偏置电路的详尽检测，落实故障在本级、前级、后级，芯片本身还是偏置电路。

⑥ 检测电路本身有无异常、检测电路的基准是否异常、MCU/DSP 的 A-D 基准电压是否异常、MCU/DSP 的相关控制数据（MCU/DSP 外挂存储器内部数据）是否异常。

需注意的问题：

（1）检修思路或检测内容的拓展

① 如上所述，从对检测电路本身的检测走入了 MCU/DSP 外围工作条件电路的检测，检测 A-D 基准电压电路，是否将合格的 V_{REF} 送入 MCU/DSP 的引脚。

② 如上所述，从硬件电路走入对软件数据的检查，表现为硬件电路异常的错误报警有可能出在软件数据异常上，必须警惕，避免使故障检修进入死胡同。必要时重写存储器内部数据来验证。

以上①②两点是检修智能化设备的一个特点，故障报警与软件数据和 MCU/DSP 工作条件扯上了关系，这种"数据检修"特点，和对纯硬件电路的故障检修有了本质的区别。后者占有一定的故障率，要求检修者对故障报警的检测具有软、硬件的全局眼光，并起码具有诊断硬件电路"确无故障"的能力，关键时刻能调控检修方向，使之转移至软件数据和 MCU/DSP 外围工作条件电路上来。

（2）无法仿真的"故障"表现：同相放大器输入端"不宜悬空"

图 3-7-2 中排线端子 DJ2 与排线端子 J1/DJP1 之间的电路，即 DU1a ～ DU1c 所构成的电流检测前置级电路（如图 3-7-3 所示），在电流传感器脱离情况下，电路的表现是有些奇怪的，将本电路（同相放大器）用电子电路仿真软件进行实验，也不能模拟真实的电路表现状态。

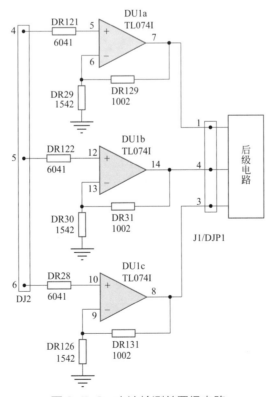

图 3-7-3　电流检测前置级电路

图 3-7-3（在 DJ2 端子未插入电流传感器的状态下）检测表现如下：测放大器同相输入端为 0V，实质上是测量表笔的接入形成了同相端接地电阻，所以测得电压值为 0V。此时接着测其反相输入端和输出端，是一个随时间变化的电压值，输出端直到变化至负的最大值（如 −13.6V）。

若上手直接测量输出端，则为稳定的 −13.6V。先行测量同相输入端时，会使同相输入端产生一个接地再断开接地的动作，从而引起一个输出端与反相输入端电压的变化过程。

检修者很容易做出运放芯片不良或坏掉的结论。

其实，3 个相同电路的检测表现是一致的，3 路同相放大器同时坏掉的概率是不高的。应从影响电路的共同因素查起：

① 查供电是否异常，如是否丢失 +15V 供电。

② 查 3 路放大器共用的基准电压是否异常。

③ 其他共同原因，如该电路是否因脱离电流传感器，造成同相输入端一块儿处于"悬空"状态。

当同相输入端处于"悬空"状态时，输入端由"虚断"变成"真断"，输入端所必需的（极小）偏置电流条件被破坏，或者可认为此时反相输入端的电流大于同相输入端电流，因而输出电压为负向的最大值。结论是同相放大器的输入端"不宜悬空"，否则会造成异常的"故障表现"！

当用电子仿真软件对同相放大器输入端空置的状态进行试验时，仿真失败。说明电子仿真软件也并非能仿真全部的电路状态，就好像一个人的知识面总会有欠缺之处一样。

检测该电路时，拔掉电流传感器的做法是错误的，会导致异常输出电压，引起错误的过载或短路故障报警；脱离电流传感器情况下，须将 DJ2 端子的 4、5、6 脚暂时短接到地，以形成放大器同相输入端的接地回路，使输出状态回到 0V 的正常轨道上，避免电路输出错误的故障信号。

7.2.4　图 3-7-2 电路的故障检修

① 将 DJ2 端子的 4、5、6 脚暂时短接到地，使图 3-7-2 整个电路的各个静态工作点（关键测试点）电压回到应有的正常值上。若某点不能回复正常值，即故障所在处。

② 为开关电源单独提供供电，满足开关电源的工作条件，从而使图 3-7-2 电路得到电源供应，为在线上电检测做好准备。

③ J1/DJP1 的 1、3、4 脚均应为 0V，说明前级电路正常；VD10 ～ VD12 等 3 只钳位二极管的中点电压，均应为 MCU 供电电压的 1/2（2.5V）左右，说明模拟量传输电路工作正常，若偏离过大即为故障状态。

④ U4a、U4b 和 U6a、U6b 等 4 组电压比较器的输出端均应为高电平状态，说明开关量信号传输电路为正常状态。若为低电平或"非 1 非 0"电平状态，故障从此处查起，如

检查基准电压是否丢失、本级或后级电路有无异常等。

⑤ U6a、U6b 电路状态异常时，检测其前级 U1d 反相求和电路和 U1a ～ U1c 精密半波整流电路，U1a ～ U1d 的各个输入点、输出点电压均应为 0V。若不符合，故障从此处查起。

7.3　输出电流检测电路实例 2

7.3.1　图 3-7-4 电路结构简析

如图 3-7-4 所示的三菱 FR700-75kW 变频器输出电流检测电路，构成如下：

（1）模拟量输出电流信号电路

IC16a ～ IC16d 构成的模拟量信号传输电路，由 -3.3V 基准电压和输入 0V 相加，经反相运算后，在 VD37 ～ VD39 等 3 个电压钳位点，得到 1.6V 左右的电压信号，送入 DSP 器件的 70 ～ 72 脚。

（2）过载报警信号处理电路

IC25a、IC6a 等 6 路精密半波整流电路，合成为全波整流电路，将输入三相交流电压信号处理为一路象征着 I_{UVW} 的直流电压信号，送入由 IC10a、IC10b 构成的梯级电压比较器电路，取出 OL1（轻过载）和 OL2（重过载）故障信号，送入 DSP 器件的 83、84 脚。

7.3.2　图 3-7-4 电路故障检测

（1）电路关键测试点

① CON1 端子的 27、29、30 脚，传感器在线或脱离状态下，均应为 0V。在线状态下不为 0V，电流传感器已经坏掉。

② VD37 ～ VD39 等 3 个电压钳位点，正常电压值应为 DSP 供电电压 +3.3V 的 1/2 左右，即 1.6V 左右。

③ IC10a、IC10b 电压比较器的两个输出端，即器件的 7 和 12 脚，应为高电平状态，即 +3.3V。

④ 过载报警信号处理电路，尚有中间级电路，故精密半波整流电路输出端并联点，也可作为一个测试点，此点电压正常值应为 0V。

判断一大片电路的好坏，关键测试点的数量并非"众多"，初步检测也不要求找到众多的测试点，直接关注首端和末端。各关键点的"正常状态"应该是什么样，检测的数据带来了什么样的结论，这才是重点。事先心中有谱，检测才有意义。脑袋中空空如也，不要下表笔去测，端着万用表测量了半天，好坏下不了结论，不如先回去休息。

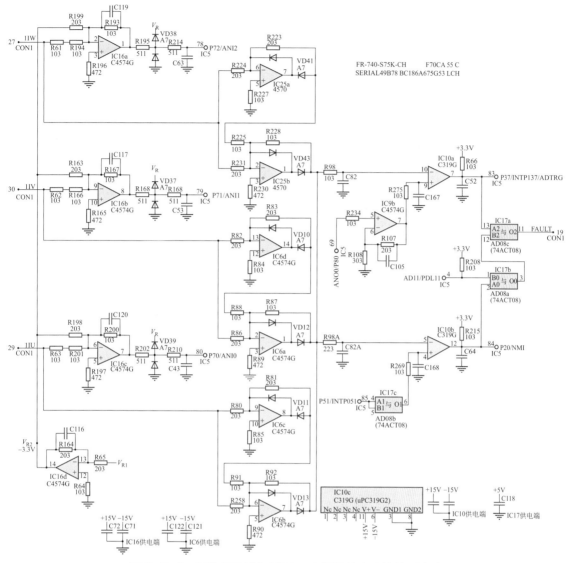

图 3-7-4　三菱 FR700-75kW 变频器输出电流检测电路

（2）电路并联输出时容易犯的检测错误

对于将输出端并联（或经隔离二极管后并联）的电路，检修中需注意：

当输出信号异常时，要检测全部的输入端状态，有一路输入产生了"输入信号"，即会造成输出端的"信号输出"。

本电路中 IC6a、IC6b、IC25b 等 3 路并联输出电路，当测量并联输出端即 VD12、VD13、VD43 的负极不为 0V 时，说明已有错误的故障信号输出，结论为不是输入了异常信号，即是 IC6a、IC6b、IC25b 等 3 路精密半波整流电路起码有一路有问题。

正确检测方法是，分别对每一路运放芯片的输入、输出端进行检测甄别，找出故障电路。若简单地仅靠测试一路输入状态，如测量 IC25b 的输入信号为 0V，但测试 VD43 的负极输出电压不为 0V，即判断 IC25b 损坏，有可能会造成误判。

分别落实每一路的输入、输出状态，才能判断准确。

7.4　输出电流检测电路实例 3

如图 3-7-5 所示的富士 FRN200P11S-287kVA 变频器电流检测电路，因中间级电路采用了可编程放大器电路，加之 12 组电压比较器的 6 组、6 组并联输出模式，以及比较器电路所需多路 V_{REF} 产生电路等，初看之下，电路结构庞杂，信号支路繁多，检修难度大。

7.4.1　首重两端，忽略中间

3 只电流传感器的插线端子为 CN8a、CN8b、CN9，此为图 3-7-5 信号电路的首端。Q3b、Q3a、Q4a 的前置级电路采用电压放大倍数约为 2 倍的差分放大器，从电路结构看，电流传感器的空置与否，不会影响检测结果：

① 电流传感器处于连接状态，只要电流传感器是好的，其输出信号之差必然为零，差分放大器输出电压为 0V；

② 电流传感器处于脱离状态，因 Q3b、Q3a、Q4a 等 3 路差分放大器同相输入端有接地电阻的存在，3 路放大器输出端仍为 0V。

中间的大片电路先不管它，MCU 附近的 VD23a、VD24a 与 VD23b、VD24b 二极管电压钳位点，是模拟信号处理的末端，其正常电压值为 2.5V（MCU 的电源电压的 1/2）左右。

Q8、Q9、Q10 构成了开关量（过载故障报警处理）输出电路的末端，3 片比较器的输出端应为高电平状态（下文有述）。

7.4.2　光看静态，不管动态

检修过程中，线路板多处于与主电路相脱离状态，无论对线路板发布停机或运行指令，事实上，图 3-7-5 所示的检测电路都处于"零电流信号"的处理模式——处于工作的静态，有时笔者称之为"休闲态"或"休闲期"，为施加直流电压信号进行检测带来方便。

以 Q5、Q6、Q7 等中间级电路为例，电路结构为反相放大器（同相输入端接地符合"虚地"规则），因输入信号为 0V，各路输出端电压都为 0V，是正常状态。

我们先来假定线路板处于整机正常连接状态下，变频器输出端已接入电动机，且运行于带载状态下，我们所测各点的 0V 电压，看是否有所变化。

从惯于用直流电压挡测量各点电压的角度看，电路的动、静态直流电压值是一样的，才是正常状态。静态工作点对了，动态大致上也是对的。但注意会有例外：如放大器的反馈电阻值变大，虽然由于静态输入为 0V 的缘故不会表现为故障，但动态时会因电压放大

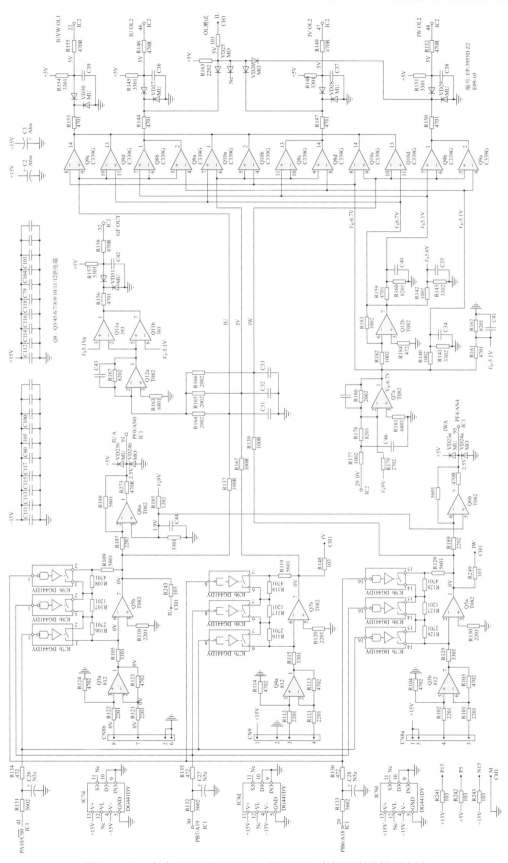

图 3-7-5　富士 FRN200P11S-287kVA 变频器电流检测电路

/ 衰减倍数偏离设计值，输出错误的故障信号。

　　若有必要，在电路首端施加直流电压来模拟动态输出，也是检验电路动态是否工作正常的一个办法。

7.4.3　庖丁解牛，不见全体

　　Q5、Q6、Q7 等中间级电路，是 MCU 信号控制模拟开关电路的可编程放大器，其电压放大倍数是受控可调的。

　　一例上电流报警 EF（接地）故障："扫雷法"检测 Q5b 的同相输入端 5 脚为 0V，6 脚为 +15V，7 脚为 −13V，判断 Q5b 符合比较器规则，芯片是好的，外围电路有问题。拆下 IC7 以后，输出变为 0V 的正常状态，代换 IC7 后，故障排除。

7.4.4　奇怪结果，冷静分析

　　图 3-7-5 中，Q12a、Q11a、Q11b 构成接地故障检测与报警电路；Q8、Q9、Q10 等比较器电路构成 OL1、OL2 过载故障检测与报警电路，Q7a、Q12b 则提供 Q8、Q9、Q10 等比较器的两组正、负比较基准。

　　上电产生 EF（接地）、OL1、OL2（过载）报警，各路电压比较器的输出端是测试关键点。

　　检测 Q8、Q9、Q10 等比较器的输出端电压值，都为 +8V，落实输出端上拉电压为 +5V，那么 +8V 电压从何而来，是否为故障状态？从图 3-7-5 电路抽出一组电压比较器电路，如图 3-7-6 所示。

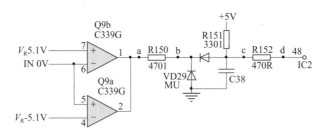

图 3-7-6　电压比较器输出端测试点示意图

　　测得 a 点电压 =b 点电压 =+8V，Q9a、Q9b 输出级内部漏电的嫌疑已经排除，若有漏电故障，则 a 点电压 ≠ b 点电压。

　　c 点电压 =d 点电压 =+5V，表现正常。若 c 点电压 > d 点电压，IC2 的 48 脚内电路故障。

　　回到 a 点电压 =b 点电压 =+8V 检测结果上来，从 Q9a、Q9b 的输入信号和基准比较的结果来看，输出为高电平是对的，只是高电平的幅度为 +8V，有点说不通。电路仿真失败，参考书上也没有说过。

当 Q9a、Q9b 输出为"1"时，输出级内部晶体管处于"开断"状态，故电路中的 a 点处于"悬空和断点"状态，VD29 的反向隔离作用又进一步提升了"悬空和断点"的质量，因而 a 点成了对地而言的悬空点，这为 a 点积聚静电荷提供了条件。静电荷的累积作用，致使 a 点竟然检测到和显示了比上拉 +5V 更高的 +8V 电压值！

> 结论：只有电路悬空点上会检测到比供电电压更高的电压值。倒过来说：在某点上检测到了比供电电压更高的电压，说明某点已经是个"断点"，因某些原因（有时候是开路故障原因）而悬空。

有时候我们说，实践大于理论，是指未能广泛操作的实践，尚未来得及归纳为理论吧。

第8章

"混搭"的模拟量信号输出电路

有些电路虽然最终输出的为模拟量信号，但传输电路的每一个环节"流通"的不一定都是模拟量，电路包含有 D-A 转换环节，从电路构成上形成了光耦合器、比较器、模拟开关、运放器件等的"混搭电路"。

这是非常有特点的电路，本章给出两个电路实例，以及相关的原理分析和故障诊断方法。

8.1 模拟开关、光耦合器、运放的"混搭电路"

8.1.1 化简电路和原理简析

电路实例如图 3-8-1 所示，是 ABB-ACS550-22kW 变频器模拟量输入端子电路，电路用于处理和传输 0 ~ 10V 的调速信号，因 MCU 供电和端子控制电压不共地的缘故，采用了线性光耦合器和运放、模拟开关的"混搭电路"，既实现了电气隔离，又完成了模拟电压信号的传输的任务。

图 3-8-2 是图 3-8-1 的化简电路，为利于分析行文，将几只电阻重新排序。

图中 H16 真的是线性光耦吗？就发光二极管和光敏二极管本身而言，毕竟不具有线性元件的身份和性能。但如果在输入、输出侧由运放器件相配合，在闭环控制模式下能自动控制其发光电流和光接收量，其工作状态就有本质的不同了，完全可以工作于模拟传输状态。所以，光耦合器有了运放电路的"辅佐"，其工作特性才被纳入"线性轨道"。

依据信号流程，图 3-8-2 电路可分为 3 部分：U14a 模拟开关传输电路、光耦合器 H16 的输入侧电路和输出侧电路。

（1）U14a 模拟开关电路

自 AI1 端输入的 0 ~ 10V 调速信号，经 R1、R2 构成的 1/5 电压衰减电路变为 0 ~ 2V 的"暂时的"信号电压——当 U14a "断开"时，此点电压为 2V ；当 U14a 处于"接通"时，因 U1a 的"虚地"控制作用，输入信号变为 0V。

（2）H16 的输入侧电路

该电路的任务，是在输入信号电压 / 电流期间，在放大器反馈控制作用下，实现将输

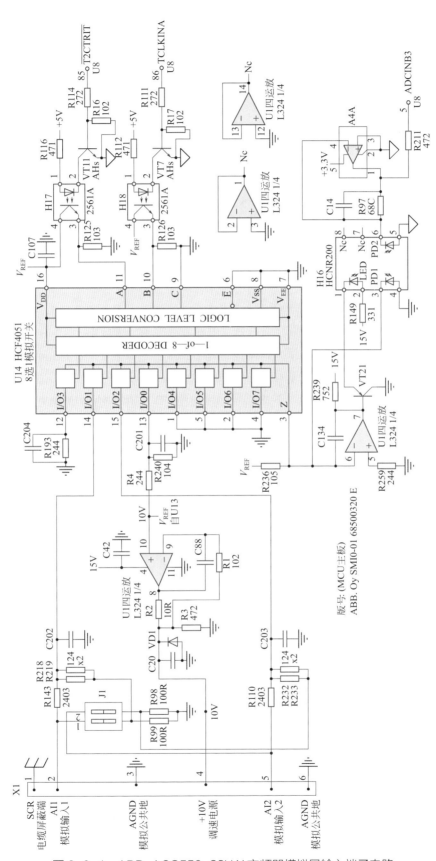

图 3-8-1　ABB-ACS550-22kW 变频器模拟量输入端子电路

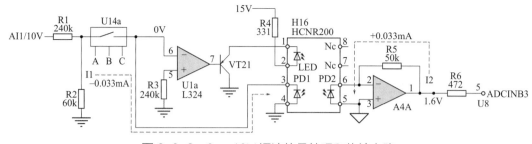

图 3-8-2　0 ～ 10V 调速信号处理和传输电路

入电压信号变为 0V 的目的。以 AI1 输入电压为 10V 为例，为达成该目的，U1a 会自动控制 VT21 的导通程度，使 H16 内部 LED 发光二极管进行恰如其分的电 - 光转换，光敏二极管 PD1 依据 AI1 输入信号电压高低比例完成光－电转换。已知 R1、R2 回路电流为 2V/60kΩ=+0.033mA，可知此时 PD1 的输出光电流为 −0.033mA。

（3）H16 的输出侧电路

因 H16 内部的 PD2 与 PD1 的参数（光 - 电转换率）是一样的，已知 PD2 输出光电流为 −0.033mA，故知流过反相放大器 A4A 反馈电路 R5 的电流值为 +0.033mA，由此，R5 两端的电压降即为 A4A 反相放大器的输出电压，0.033mA×50kΩ=1.65V，一般在 1.6V 左右。

由此可见，图 3-8-2 电路是一个将输入 0 ～ 10V 隔离并传输转变为 0 ～ 1.6V 的模拟量信号处理电路。

8.1.2　检修步骤和方法

仍以图 3-8-2 简化电路为例（但请读者同时注意参阅图 3-8-1 电路实例）。

U14a、U1a 和 H16 输入侧的检测方法如下。

① 为 AI1 端子引入 10V 信号电压（或 0 ～ 10V 可调电压），可将 AI1 端子与调速电源端短接获得（或外接电位器获得可调电压）。

② 通过参数设置，改变 U14a 的 A、B、C 控制端子信号的二进制数据（000 ～ 111），令 U14a 处于接通状态。或采取硬件手段，"强制命令" U14a 处于开关接通状态。请参阅图 3-8-1 中 H17、H18 光耦合器电路，需要 U14 的 11 脚为 "0" 时，暂时短接 H17 的 1、2 脚即可实现；需要 U14 的 11 脚为 "1" 时，暂时短接 H17 的 3、4 脚即可实现，而不必顾虑 H17 的原状态如何，短接动作也不会损坏任何元器件。

若令 U14 的 14 脚和 3 脚接通，U14 的 11、10、9 脚电平状态只要为 "100" 即可（由 HCF4051 器件的真值表查得）。

③ 送入 0 ～ 10V 可调电压时，可在图 3-8-2 电路中 R4 两端测得与其成比例变化的电压降，说明 H16 输入侧电路是正常的。

④ 送入 0 ～ 10V 可调电压时，可在图 3-8-2 电路中 R5 两端测得与 0 ～ 10V 输入信号电压成比例变化的输出电压，其值应为 0 ～ 1.6V 左右。

⑤ 如上述第④点状态异常（反相器 A4A 输出状态不对）时，测 A4A 的反相输入端为 0V，输出也为 0V，可判断 U14 内部输出侧电路坏；测 A4A 反相输入端不为 0V，查 A4A 及偏置电路。

某电路环节表现失常时，可参照上述⑤进行检修。

如何找出关键测试点？

以图 3-8-2 为例，对于 H16 的输入侧电路来说，因反相放大器的"虚地"作用，U1a 的 5、6、7 脚和晶体管 VT21 的集电极，甚至是 U14a 的输入侧和输出侧，均不具备作为优良测试点的条件。电路中的各点多为 0V，不随输入信号电压而变化，U1a 的 7 脚电压变化也会极其微弱（其变化量甚至不易测得），不足以形成测量判断。

所以，H16 输入侧电路（包含 U14a 一级），最为明显易测的关键测试点仅有一个，即 R4 两端的电压降，是跟随输入信号电压近乎成比例变化的。如果不能锁定这一关键测试点，在不破坏电路正常连接的状态下，检测电路的工作状态并做出有效判断，将成为很难完成的一件任务。

对输出侧的检测要方便一些，如检测 R5 两端电压降，或检测 A4A 反相器的输出端对地（两个测试点其实又可以看作是一个点）电压。

8.2 光耦合器、电压比较器、运放器件的"混搭电路"

如图 3-8-3 所示为 ABB-ACS550-22kW 变频器模拟量输出端子电路，电路构成采用了光耦合器、电压比较器、运放器件的"混搭模式"，其任务是将 MCU 输出的 PWM 脉冲，隔离、处理、传输转变成为 4 ～ 20mA 电流信号输出。

电路工作方式也比较特别：前半部分电路——光耦合器和电压比较器，传输和处理开关量的数字信号；后半部分电路——电压跟随器和差分衰减器，则被用于传输模拟量信号。不同种类的"各兵种"协同作战，却并无违和感。

8.2.1 电路原理简述

（1）从 MCU 的 33 脚至 a 点，是数字信号（PWM 脉冲）传输电路

分析该电路的要点，是"波形推理法"的应用："看"出各点电压来。

首先来个"定量分析"吧，假定此时 MCU 器件的 33 脚输出的是方波（脉冲占空比为 50%）信号，如图 3-8-3 右侧波形图所示，先只管波形的形状，暂时不用管它所代表的直流电压值；进而可"看到" H9 的 6 脚已经倒相了的波形图，还是只管占空比，不用管电压值；继而看到 U10a 的输出端 1 脚的 PWM 脉冲信号，也不用管直流电压的高低；最后当 PWM 脉冲传输到 a 点，从脉冲占空比和信号的高点（+10V）和低点（5V），结合 R119、R118 的阻值比例，可知脉冲的直流成分即平均值，约为 7.5V。

MCU 输出的方波信号，经光耦合器和电压比较器传输至 a 点，虽仍为方波，但要看

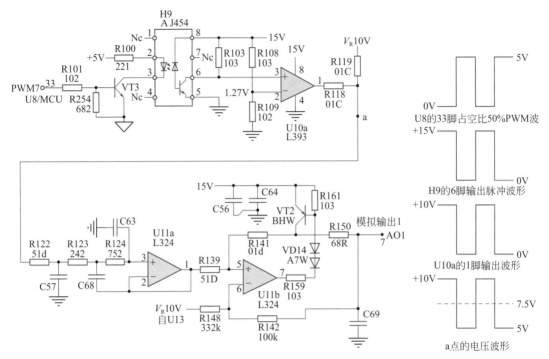

图 3-8-3　ABB-ACS550-22kW 变频器模拟量输出端子电路

出其直流成分应为 7.5V。

对此方波脉冲信号的传输过程的分析，只需要"看"，并不太需要"算"，这对于一直以来依靠用"算"来得出答案的人士来讲，一时之间可能还不太习惯（尽量要慢慢习惯"看的方法"才好）。

（2）U11a 和 U11b 等元件组成的模拟量信号传输电路

a 点的方波信号经过多节 R122、C57 等 RC 电路的滤波，得到平滑度较好的 7.5V 直流电压，送入 U11a 电压跟随器，U11a 输出的 7.5V 和 V_R10V 经 U11b 进行差分运算（信号之差为 2.5V），从 AO1 端子输出电流信号。

从 R142 和 R148 的阻值比例来看，U11b 电路约为 1/3 衰减器电路。因而当 MCU 输出 50% 占空比的脉冲信号时，AO1 端子输出电流值约为（2.5V/3）/68Ω ≈ 12.25mA。

U11b 电路的原理分析方法请参阅本书第 1 篇第 5 章 5.4 节"用差分电路构成的恒流源电路"和本书第 1 篇第 10 章第 10.3 节"双端输入、双端输出式差分放大器的恒流源电路"部分。

从整个电路处理信号的方式看，电路具备 D-A 转换功能和 V-I 转换功能。

8.2.2　故障检修方法

（1）数字信号传输电路

"短接法"制造开关信号：单板检修（处于非运行状态）时，MCU 的 33 脚无 PWM 波输出。此时可施加"短接和解除短接"晶体管 VT3 的发射极和集电极的动作，测 a 点应能在 5V 和 10V 之间随短接动作而切换,说明 H9、U10a 等电路都是好的,有时候一把镊子或一根导线,就是很合格的"信号发生器"了。

测 a 点电压为 10V 不变,跨点测 H9 的 6 脚应在 15V 和 0V 之间,随短接动作而变化。6 脚有正常变化,H9 是好的,说明 U10a 电压比较器电路有故障,否则为光耦合器 H9 不良。

(2)模拟量信号传输电路

"虚短"和"虚断"规则的检查,判断 U11a、U1b 的静态工作点是否正常。

在 a 点施加 7.5V 直流电压(或 5V 左右的可调电压),根据恒流源电路输出端不怕短路的特点,用万用表的电流挡直接跨接于端子 AO1 和地之间,检测输出电流值是否正常,从而检验 U11a、U11b 组成的整个模拟量信号传输电路的工作质量。

AO1 端子输出信号电流异常时,可以跨点检测电压跟随器 U11a 的 1 脚电压是否正常,从而区分故障在前级还是在后级。

事实上,检修模拟电路的故障,仍然需要检修者具备数字电路、MCU/DSP 电路、软件数据等多方面的知识储备,才能愉快胜任。知识面越单一,检修当中的拦路虎越多。虽然不可能涉及所有电子设备的维修领域,但即使在一个较窄的面,如变频器设备的检修,也涉及电力电子技术、模拟/数字技术、MCU 技术和调试能力等多个技术层面。从事工业电路板故障检修这一行,加强自身的学习,是必然要做的事儿,跑电路也是必然要做的事儿,需要眼、手、脑同时开动啊。

因而从事工业控制电路板的故障检修,正如人所说:痛并且快乐着,累并且爱好着。可以是烦恼的活计,劳累的工作;也可以是欢乐进行曲,欢乐进行中。难道不是吗?

参考文献

[1] 变频器故障检修 260 例 . 咸庆信 . 北京：化学工业出版社，2021.

[2] 集成电路速查手册 . 2 版 . 王新贤 . 济南：山东科学技术出版社，2004.

[3] 图解贴片元器件技能·技巧问答 . 许小菊等 . 北京：机械工业出版社，2009.